中文版 3ds Max+VRay

室内外效果图表现高级教程

王洪海　史景宵　姚松奇 / 主编　　梁纪坤　龚茜茹　岳小冰 / 副主编

U0302268

中国青年出版社　CHINA YOUTH PRESS　中青雄狮

律师声明

　　北京市中友律师事务所李苗苗律师代表中国青年出版社郑重声明：本书由著作权人授权中国青年出版社独家出版发行。未经版权所有人和中国青年出版社书面许可，任何组织机构、个人不得以任何形式擅自复制、改编或传播本书全部或部分内容。凡有侵权行为，必须承担法律责任。中国青年出版社将配合版权执法机关大力打击盗印、盗版等任何形式的侵权行为。敬请广大读者协助举报，对经查实的侵权案件给予举报人重奖。

侵权举报电话

全国"扫黄打非"工作小组办公室　　　　　中国青年出版社

010-65233456 65212870　　　　　　010-50856028

http://www.shdf.gov.cn　　　　　　　E-mail: editor@cypmedia.com

图书在版编目（CIP）数据

中文版3ds Max+VRay室内外效果图表现高级教程 /

王洪海，史景宵，姚松奇主编. — 北京: 中国青年出版社，2016.5

ISBN 978-7-5153-4103-3

I.①中… II.①王… ②史… ③姚… III.①建筑设计-计算机辅助设计-三维动画软件-教材　IV.①TU201.4

中国版本图书馆CIP数据核字（2016）第047399号

中文版3ds Max+VRay室内外效果图表现高级教程

王洪海　史景宵　姚松奇　**主编**

梁纪坤　龚茜茹　岳小冰　**副主编**

出版发行：中国青年出版社

地　　址：北京市东四十二条21号

邮政编码：100708

电　　话：（010）50856188 / 50856199

传　　真：（010）50856111

企　　划：北京中青雄狮数码传媒科技有限公司

策划编辑：张　鹏

责任编辑：刘冰冰

封面设计：彭涛　吴艳蜂

印　　刷：山东省高唐印刷有限责任公司

开　　本：787×1092　1/16

印　　张：14.5

版　　次：2016年6月北京第1版

印　　次：2016年6月第1次印刷

书　　号：ISBN 978-7-5153-4103-3

定　　价：49.90元（网盘下载内容含语音视频教学与案例素材文件及PPT课件）

本书如有印装质量等问题，请与本社联系　电话：（010）50856188 / 50856199

读者来信：reader@cypmedia.com

如有其他问题请访问我们的网站: http://www.cypmedia.com.cn

众所周知，3ds Max是一款功能强大的三维建模与动画设计软件，利用该软件不仅可以设计出绝大多数建筑模型，还可以制作出具有仿真效果的图片和动画。随着国内建筑行业的迅猛发展，3ds Max的三维建模功能得到了淋漓尽致的发挥。为了帮助读者能够在短时间内制作出出色的效果图，我们组织教学一线的室内设计师及高校教师共同编写了此书。

本书以最新的3ds Max 2016设计软件为写作基础，围绕室内外效果图的制作展开介绍，以"理论+实例"的形式对3ds Max建模知识、VRay渲染器的设置进行了全面的阐述，以强调知识点的实际应用性。书中每一张效果图的制作都给出了详细的操作步骤，同时还贯穿了作者在实际工作中得出的实战技巧和经验。

全书共10章，其各章的主要内容介绍如下：

章　节	内　容
Chapter 01	介绍了3ds Max 2016的应用领域、新增功能、工作界面以及效果图的制作流程
Chapter 02	介绍了3ds Max 2016 的基本操作，包括文件、变换、复制、捕捉、隐藏、成组等操作
Chapter 03	介绍了标准基本体与扩展基本体的创建方法，包括长方体、圆锥体、球体、几何球体、圆柱体、圆环、茶壶、异面体、环形结、纺锤体等
Chapter 04	介绍了常用的建模技术，包括几何体、修改器、多边形建模等
Chapter 05	介绍了材质与贴图的应用，包括材质的基础知识、材质的类型、贴图的应用等
Chapter 06	介绍了灯光与摄影机的应用，包括3ds Max光源系统、VRay光源系统、3ds Max摄影机，以及VRay摄影机等知识
Chapter 07	介绍了VRay渲染器的应用，包括渲染基础知识、VRay渲染器的设置及应用等
Chapter 08~10	分别介绍了餐厅场景、厨房场景、办公楼场景的制作。通过模仿练习，使读者更好地掌握前面章节所介绍的建模与渲染知识

本书知识内容结构安排合理，语言组织通俗易懂，在讲解每一个知识点时，附加以实际应用案例进行说明。正文中还穿插介绍了很多细小的知识点，均以"知识链接"形式展现。此外，附网盘下载地址中记录了典型案例的教学视频，以供读者模仿学习。本书既可作为了解3ds Max各项功能和最新特性的应用指南，又可作为提高用户设计和创新能力的指导。

本书案例文件、语音视频教学、PPT课件下载地址如下，也可扫描二维码下载：

下载地址：

https://yunpan.cn/cYTVRP9t9NUrn

访问密码：f4c7

本书适用于室内效果图制作人员、室内效果设计人员、室内装修与装饰设计人员、效果图后期处理技术人员、装饰装潢培训班学员与大中专院校相关专业师生。

本书在编写和案例制作过程中力求严谨细致，但由于水平和时间有限，疏漏之处在所难免，望广大读者批评指正。

编　者

CONTENTS
目 录

3ds Max 2016与效果图的制作

3ds Max 2016基本操作

基础建模技术

高级建模技术

Chapter

05

材质与贴图技术

灯光与摄影机技术

渲染技术

餐厅场景的表现

厨房场景的表现

办公楼场景的表现

附 录

Chapter

01

3ds Max 2016与
效果图的制作

3ds Max是当前最爱欢迎的三维建模、动画制作及渲染的软件，本章将从最基础的知识讲起，引领读者认识和了解3ds Max 2016软件界面中各个组成部分及其功能。

知识要点

① 3ds Max 2016概述
② 3ds Max 2016新功能
③ 3ds Max 2016工作界面
④ 3ds Max 2016基本设置

上机安排

学习内容	学习时间
● 3ds Max 2016工作环境的熟悉	30分钟
● 工作界面的设置	15分钟
● 快捷键的调整	15分钟

1.1 3ds Max 概述

3ds Max是一款优秀的设计类软件，它是利用建立在算法基础之上并高于算法的可视化程序来生成三维模型的。与其他建模软件相比，3ds Max的操作更简单，更容易上手，因此受到了广大用户的青睐。

1.1.1 走进3ds Max世界

3D Studio Max，简称为3ds Max或MAX，是Discreet公司开发的（后被Autodesk公司合并）基于PC系统的三维动画渲染和制作软件。其前身是基于DOS操作系统的3D Studio系列软件。在Windows NT出现以前，工业级的CG制作被SGI图形工作站所垄断。3D Studio Max + WindowsNT组合的出现一下子降低了CG制作的门槛，首选开始运用在电脑游戏中的动画制作，后更进一步开始参与影视片的特效制作。建模功能强大，在角色动画方面具备很强的优势，丰富的插件也是其一大亮点，3ds Max可以说是最容易上手的3D软件，并且和其他相关软件配合流畅，做出来的效果非常逼真。

1990年Autodesk公司成立多媒体部，推出了第一个动画工作——3d Studio软件。DOS版本的3d Studio诞生在80年代末，那时只要有一台386DX以上的微机就可以圆一个电脑设计师的梦。1996年4月，3d Studio Max 1.0诞生了，这是3d Studio系列的第一个Windows版本。Discreet 3ds Max 7为了满足业内对威力强大而且使用方便的非线性动画工具的需求，集成了获奖的高级人物动作工具套件Character Studio。并且从这个版本开始，3ds Max正式支持法线贴图技术。

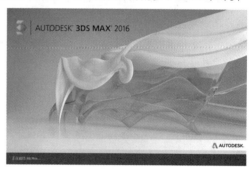

在Discreet 3ds Max 7后，正式更名为Autodesk 3ds Max，经过多次更新升级，目前最新版本为3ds Max 2016（如右图所示），版本越高其功能就越强大，从而使3D创作者在更短的时间内创作出更高质量的3D作品。

1.1.2 3ds Max应用领域

3ds Max 是世界上应用最广泛的三维建模、动画、渲染软件，被广泛应用于建筑效果图设计、游戏开发、角色动画、电影电视视觉效果和设计行业等领域。

1. 室内设计

利用3ds Max软件可以制作出各式各样的3D室内模型，例如沙发模型、客厅模型、餐厅模型、卧室模型等，如右图所示。

2. 游戏动画

随着设计与娱乐行业交互内容的强烈需求，3ds Max改变了原来的静帧动画方式，为游戏元素创建动画和动作等，使这些游戏元素"活"起来，从而为玩家带来生气勃勃的视觉感官效果，如下图所示。

3. 建筑设计

3ds Max建筑设计被广泛应用在各个领域，内容和表现形式也呈现出多样化，主要表现在建筑的地理位置、外观装饰、园林景观、配套设施和其中的人物、动物，自然现象等，将建筑和环境动态地展现在人们面前，如下中图所示。

4. 影视动画

影视动画是目前媒体中所能见到的最流行的画面形式之一，3d Max在动画电影中得到广泛应用，3ds Max数字技术不可思议地扩展了电影的表现空间和表现能力，创造出人们闻所未闻、见所未见的视听奇观及虚拟现实。《少年派的奇幻漂流》、《阿凡达》等热门电影都引进了先进的3D技术，如下图所示。

1.1.3　3ds Max 2016新增功能

3ds Max 2016版本提供了迄今为止最强大的多样化工具集，无论行业需求如何，这套 3D 工具都能给美工人员带来极富灵感的设计体验。3ds Max 2016中纳入了一些全新的功能，让用户可以创建自定义工具并轻松共享其工作成果，因此更有利于跨团队协作。此外，它还可以提高新用户的工作效率，增强其自信心，可以更快速地开始项目，渲染也更顺利。

1. 3ds Max和3ds Max Design合并为3ds Max

简单地说，就是以后只有一个版本，即3ds Max，不会有Design与Max版本的差别，如下图所示。

2. 交互模式首选项

选择工作模式后，即会弹出一个"交互模式"对话框，在该对话框中用户可以选择鼠标和键盘快捷键行为是与早期版本的3ds Max相匹配，还是与Autodesk Maya相匹配。当用户使用此对话框更改交互模式时，其他面板上的设置也会随之更改，如下图所示。

3. 新的设计工作区

3ds Max 2016推出了新的设计工作区，为3ds Max用户带来了更高效的工作流。设计工作区采用基于任务的逻辑系统，可以很方便地访问3ds Max中的对象放置、照明、渲染、建模和纹理工具。

4. 新的模板系统

新的按需模板为用户提供了标准化的启动配置，有助于加速场景创建流程。用户还能够创建新模板或修改现有模板，针对各个工作流自定义模板，如下图所示。

5. Autodesk A360渲染支持

3ds Max增加了对Autodesk A360渲染的支持,可供Autodesk Maintenance Subscription维护合约和Desktop Subscription合约客户使用。现在,3ds Max用户借助云计算的强大功能,无须占用桌面资源,也不需要使用专门的渲染软件,就可以创建出令人印象深刻的高清图像,因此有助于节省时间并降低成本,如下图所示。

6. 摄影机序列器

有了新的摄影机序列器,通过高品质的动画可视化效果、动画和影片,描绘精彩故事情节变得更加容易,赋予3ds Max用户更大的控制权。

7. 支持OpenSubdiv格式

新增了对Extension 1中首次引入的OpenSubdiv的支持,用户现在可以在3ds Max中使用由Pixar以开源方式开发的OpenSubdiv库来表示细分曲面。美工人员在编辑模型或设计模型姿势时就能看到效果,因此可以在不影响质量的情况下提高效率。

1.2 3ds Max 2016工作界面

当完成3ds Max 2016的安装后,我们即可双击其桌面快捷方式进行启动,其操作界面如下图所示。为了方便显示,这里我们将工作界面设置成灰色显示,具体的设置方法下文有介绍。工作界面分为标题栏、快速访问工具栏、菜单栏、主工具栏、功能区、场景资源管理器、状态栏、视口、命令面板几个部分,下面将对主要部分进行介绍。

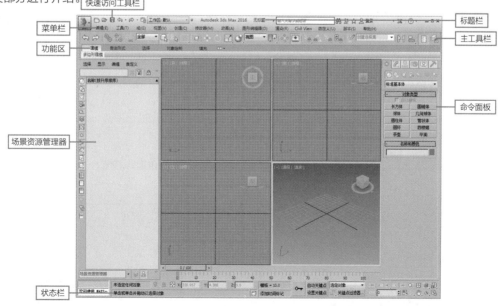

1.2.1 菜单栏

菜单栏位于标题栏的下方,为用户提供了几乎所有3ds Max操作命令。它的形状和Windows菜单相似,如下图所示。在3ds Max 2016中,菜单栏共有14个菜单项,分别如下:

- 文件菜单提供了对文件的打开、存储、打印、输入和输出不同格式的其他三维存档格式,以及动画的摘要信息、参数变量等命令的应用。
- 编辑:提供了对对象的拷贝、删除、选定、临时保存等功能。
- 工具:包括常用的各种制作工具。
- 组:用于将多个物体组为一个组,或分解一个组为多个物体。
- 视图:用于对视图进行操作,但对对象不起作用。
- 创建:创建物体、灯光、相机等。
- 修改器:编辑修改物体或动画的命令。
- 动画:用来控制动画。
- 图形编辑器:用于创建和编辑视图。
- 渲染:通过某种算法,体现场景的灯光、材质和贴图等效果。
- Civil View:访问方便有效,提供了提高工作效率的适口。比如,你要制作一个人体动画,就可以在这个视口中很好地组织身体的各个部分,轻松选择其中一部分进行修改。如果读者选择专门介绍3ds Max动画制作的书籍学习,就可以详细地学习到它。
- 自定义:方便用户按照自己的爱好设置工作界面。3ds Max 2016的工具栏和菜单栏、命令面板可以被放置在任意的位置。如果用户厌烦了以前的工作界面,可以自己定制一个工作界面保存起来,软件下次启动时就会自动加载。
- 脚本:有关编程的命令。将编好的程序放入3ds Max中来运行。
- 帮助:关于软件的帮助文件,包括在线帮助,插件信息等。

关于上述菜单的具体使用方法,我们将在后续章节中逐一进行详细介绍。

> **知识链接 关于菜单栏的说明**
>
> 当打开某一个菜单后,若菜单栏上有些命令名称旁边有"..."符号,即表示单击该名称将弹出一个对话框。
> 若菜单上的命令名称右侧有一个小三角形,即表示该命令还包含其他的子命令,单击即可弹出一个新的级联菜单。
> 若菜单上命令的一侧显示为字母,即表示该菜单命令的快捷键。

1.2.2 主工具栏

主工具栏位于菜单栏的下方,它集合了3ds Max中比较常见的工具,如下图所示。下面将对该工具栏中各工具的含义进行介绍,如下表所示。

表 常见工具介绍

序 号	图 标	名 称	含 义
01		选择与链接	用于将不同的物体进行链接
02		断开当前选择的链接	用于将链接的物体断开
03		绑定到空间扭曲	用于粒子系统,把空间绑定到粒子上,这样才能产生作用

续表

序　号	图标	名　称	含　义
04		选择工具	只能对场景中的物体进行选择使用，而无法对物体进行操作
05		按名称选择	单击后弹出操作窗口，在其中输入名称可以很容易地找到相应的物体，方便操作
06		选择区域	矩形选择是一种选择类型，按住鼠标左键拖动来进行选择
07		窗口/交叉	设置选择物体时的选择类型方式
08		选择并移动	用户可以对选择的物体进行移动操作
09		选择并旋转	单击该按钮后，用户可以对选择的物体进行旋转操作
10		选择并均匀缩放	用户可以对选择的物体进行等比例的缩放操作
11		选择并放置	将对象准确地定位到另一个对象的曲面上，随时可以使用，不仅限于在创建对象时
12		使用轴心对称	选择了多个物体时，可以通过此命令来设定轴中心点坐标的类型
13		选择并操纵	针对用户设置的特殊参数（如滑竿等参数）进行操纵使用
14		捕捉开关	可以使用户在操作时进行捕捉创建或修改
15		角度捕捉切换	确定多数功能的增量旋转，设置的增量围绕指定轴旋转
16		百分比捕捉切换	通过指定百分比增加对象的缩放
17		微调器捕捉切换	设置3ds Max 2016中所有微调器每次单击增加或减少的值
18		编辑命名选择集	单击该按钮，弹出对话框，通过该对话框可以直接从视口创建命名选择集或选择要添加到选择集的对象。
19		镜像	可以对选择的物体进行镜像操作，如复制、关联复制等
20		对齐	方便用户对物体进行对齐操作
21		层管理器	对场景中的物体可以使用此工具分类，即将物体放在不同的层中进行操作，以便用户管理
22		切换功能区	Graphite建模工具
23		曲线编辑器	是用户对动画信息最直接的操作编辑窗口，在其中可以调节动画的运动方式，编辑动画的起始时间等
24		图解视图	设置场景中元素的显示方式等
25		材质编辑器	可以对物体进行材质的赋予和编辑
26		渲染设置	调节渲染参数
27		渲染帧窗口	单击后可以对渲染进行设置
28		渲染产品	制作完毕后可以使用该命令渲染输出，查看效果

1.2.3 命令面板

命令面板位于工作视窗的右侧，其中包括创建面板、修改面板、层次命令面板、运动命令面板、显示命令面板和工具命令面板（如下表所示），其中各面板的介绍如下：

1. 创建命令面板

创建命令面板用于创建对象，这是在3ds Max中构建新场景的第一步。创建命令面板将所创建对象种类分为7个类别，分别为：几何形、图形、灯光、摄像机、辅助对象、空间扭曲、系统。

2. 修改命令面板

通过创建命令面板，可以在场景中放置一些基本对象，包括3D几何体、2D形态、灯光、摄像机、空间扭曲及辅助对象。创建对象的同时系统会为每一个对象指定一组创建参数，该参数根据对象类型定义其几何特性和其他特性。用户可以根据需要在修改命令面板中更改这些参数，还可以在参数命令面板中为对象应用各种修改器。

3. 层次命令面板

通过层次命令面板可以访问用来调整对象间链接的工具。通过将一个对象与另一个对象相链接，可以创建父子关系，应用到父对象的变换同时将传达给子对象。通过将多个对象同时链接到父对象和子对象，可以创建复杂的层次。

4. 运行命令面板

运行命令面板提供用于设置各个对象的运动方式和轨迹，以及高级动画设置。

5. 显示命令面板

通过显示命令面板可以访问场景中控制对象显示方式的工具。可以隐藏和取消隐藏、冻结和解冻对象改变其显示特性、加速视口显示及简化建模步骤。

6. 实用程序命令面板

通过实用程序命令面板可以访问各种设定3ds Max各种小型程序，并可以编辑各个插件，是3ds Max系统与用户之间对话的桥梁。

表　常见命令面板

创建命令面板	修改命令面板	层次命令面板	运行命令面板	显示命令面板	工具命令面板

1.2.4 状态栏和提示行

提示行和状态行分别用于显示关于场景和活动命令的提示和信息。它们也包含控制选择和精度的系统切换以及显示属性。

提示行和状态行可以细分成：动画控制栏、时间滑块/关键帧状态、状态显示、位置显示、视口导航，如下图所示。

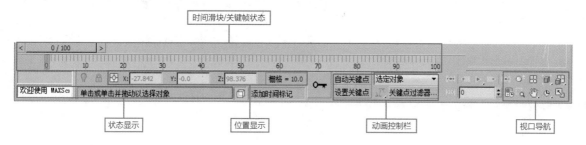

- 时间滑块/关键帧状态和动画控制栏用于制作动画的基本设置和操作工具。
- 位置显示用于显示坐标参数等基本数据。
- 视口导航是实现图形、图像可视化的工作区域，如下表所示。

表 视口导航介绍

序 号	图 标	名 称	含 义
01		缩放视口	当在"透视图"或"正交"视图中进行拖动时，单击"缩放"按钮可调整视口放大值
02		缩放所有视口	在四个视图中任意一个窗口中按住鼠标左键拖动，可以看到四个视图同时缩放
03		最大化显示	在编辑时可能会有很多物体，当用户要对单个物体进行观察操作时，可以使此命令最大化显示
04		所有视口最大化显示	选择物体后单击，可以看到4个视图同时最大化显示的效果
05		视野	调整视口中可见场景数量和透视张量
06		平移视口	沿着平行于视口的方向移动摄像机
07		弧形旋转	使用视口中心作为旋转的中心。如果对象靠近视口边缘，则可能会旋转出视口
08		最大化视口切换	可在其正常大小和全屏大小之间进行切换

1.2.5 视口

3ds Max用户界面的最大区域被分割成四个相等的矩形区域，称之为视口（Viewports）或者视图（Views）。

1. 视口的组成

视口是主要工作区域，每个视口的左上角都有一个标签，默认的四个视口的标签是Top（顶视口）、Front（前视口）、Left（左视口）和Perspective（透视视口）。

每个视口都包含垂直和水平线，这些线组成了3ds Max的主栅格。主栅格包含黑色垂直线和黑色水平线，这两条线在三维空间的中心相交，交点的坐标是X=0、Y=0和Z=0，其余栅格都为灰色显示。顶视口、前视口和左视口显示的场景没有透视效果，这就意味着在这些视口中同一方向的栅格线总是平行的，不能相交，如右图所示。透视视口类似于人的眼睛和摄像机观察时看到的效果，视口中的栅格线是可以相交的。

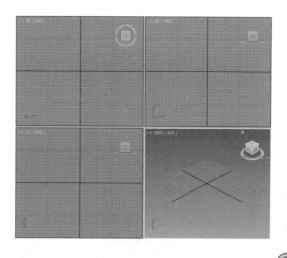

2. 视口的改变

3ds Max 2016在默认情况下为4个视口，当我们按下改变窗口的相应快捷键时，即可切换至相应的视图。例如，我们用鼠标激活一个视图窗口，按下 B 键，即可变为底视图，以观察物体的底面。切换视口的快捷键具体如下：

T=顶视图（Top）   B=底视图（Botton）

L=左视图（Left）   R=右视图（Right）

U=用户视图（User）   F=前视图（Front）

K=后视图（Back）   C=摄像机视图（Camera）

Shift键加$键=灯光视图   W=满屏视图

用户还可以在每个视图左上面那行英文上单击鼠标右键，在弹出的快捷菜单中，选择相应的命令来更改窗口的视图方式和显示方式。

进阶案例 轻松调整用户界面

3ds Max 2016默认界面的颜色是黑色，但是大多数用户习惯用浅色的界面，下面将介绍界面颜色的设置操作，具体步骤如下：

01 启动3ds Max 2016应用程序，执行"自定义>自定义用户界面"命令，如下图所示。

02 打开"自定义用户界面"对话框，如下图所示。

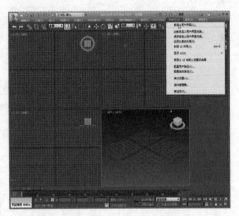

03 切换到"颜色"选项卡，在"视口"元素列表中选择"视口背景"选项，再设置右侧的主题类型为"亮"，如下图所示。

04 单击下方的"立即应用颜色"按钮，可以看到工作界面发生了变化，如下图所示。

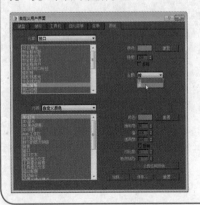

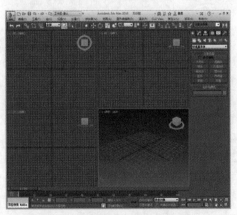

　　按照上述介绍的操作方法，用户还可以将背景、窗口文本、冻结等颜色进行调整，这里不再赘述，大家可以自行体验。如果用户想将整个工作界面的颜色统一改变，可以按照以下步骤操作：

01 打开"自定义用户界面"对话框后，切换到"颜色"选项卡，单击对话框下方的"加载"按钮，如下图所示。

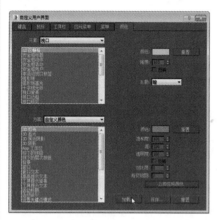

02 打开"加载颜色文件"对话框，找到3ds Max 2016安装文件下的UI文件夹，从中选择ame-light.clrx文件，单击"打开"按钮，如下图所示。

03 返回到工作界面，即可发现整个工作界面的颜色都发生了变化，如右图所示。

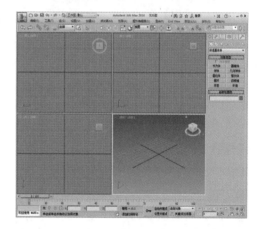

1.3 效果图制作详细流程

　　经过长时间的发展，效果图制作行业已经发展到一个非常成熟的阶段，无论是室内效果图还是室外效果图都有了一个模式化的操作流程，这也是能够细分出专业的建模师、渲染师、灯光师、后期制作师等岗位的原因之一。对于每一个效果图制作人员而言，正确的流程能够保证效果图的制作效率和质量。

　　要想做一套完整的效果图，不仅需要结合多种不同的软件，还必须有清晰的制图步骤，本节讲述的就是效果图制作的过程。

　　效果图制作详细流程通常分为6步：

步骤01 应用3ds Max基础建模，利用CAD图和3ds Max的命令创建出符合要求的空间模型。

步骤02 在场景中创建摄像机，确定合适的角度。

步骤03 设置场景光源。

步骤04 给场景中各模型指定材质。

步骤05 调整渲染参数并渲染出图。

步骤06 在Photoshop中对图片进行后期的加工和处理，使效果图更加完善。

课后练习

一. 选择题

1. 3ds Max默认的界面设置文件是（ 　 ）。

A. Default.ui　　　　　　　　　　B. DefaultUI.ui

C. 1.ui　　　　　　　　　　　　　D. 以上说法都不正确

2. 3ds Max大部分命令都集中在（ 　 ）中。

A. 标题栏　　　　　　　　　　　　B. 主菜单

C. 工具栏　　　　　　　　　　　　D. 视图

3. 在3ds Max中，可以用来切换各个模块的区域是（ 　 ）。

A. 视口　　　　　　　　　　　　　B. 工具栏

C. 命令面板　　　　　　　　　　　D. 标题栏

4. 3ds Max文件保存命令可以保存的文件类型是（ 　 ）。

A. MAX　　　　　　　　　　　　　B. DXF

B. DWG　　　　　　　　　　　　　D. 3DS

二. 填空题

1. 3ds Max提供了三种复制方式，分别是_____、_____、_____。

2. 变换线框使用不同的颜色代表不同的坐标轴：红色代表_____轴、绿色代表_____轴、蓝色代表_____轴。

3. 3ds Max的三大要素是_____、_____、_____。

4. 在3ds Max中，不管使用何种规格输出，该宽度和高度的尺寸单位为_____。

5. 3ds Max的工作界面主要由标题栏、_____、命令面板、视图区、_____、状态信息栏、动画控制区和视图控制区等组成。

三. 操作题

根据本章所学知识，将视口边框调整为蓝色，将视口活动边框调整为红色，如下图所示。

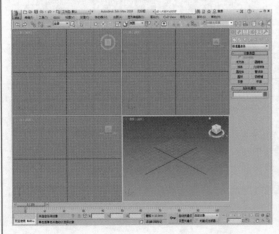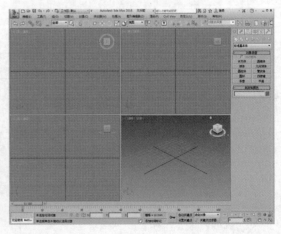

Chapter

02

3ds Max 2016
基本操作

在学习了3ds Max 2016的入门知识后，接下来将介绍其常见的基本操作，包括对象的移动、复制、捕捉、镜像、隐藏等操作。通过对这些基本操作的学习，可以帮助用户快速掌握3ds Max 2016软件，为后期的三维建模奠定良好的基础。

知识要点

① 3ds Max 2016软件的自定义设置
② 变换、复制操作
③ 捕捉、镜像操作
④ 隐藏、冻结、成组操作
⑤ 归档操作
⑥ 单位设置和快捷键设置

上机安排

学习内容	学习时间
● 布局视口	15分钟
● 文件的打开、保存、归档	15分钟
● 对象的对齐与镜像	10分钟
● 对象的复制	10分钟
● 对象的成组	10分钟

2.1 个性化工作界面

本节将对如何自定义视口布局和视口的显示模式进行详细介绍，从而使用户能够根据自己的操作习惯设置个性的操作界面。

2.1.1 视口布局

执行"视图>视口配置"命令，打开"视口配置"对话框，在该对话框的"布局"选项卡下，可以指定视口的划分方式，并向每个视口分配特定类型的视口，如右图所示。

在"布局"选项卡中，上面是视口布局划分方法的图标，下面显示的是当前所选布局的样式。单击相应的图标选择划分方法后，下面随即显示对应的视口布局样式。要指定特定视口，只需要布局样式区域中单击视口，从弹出菜单中选择视口类型。

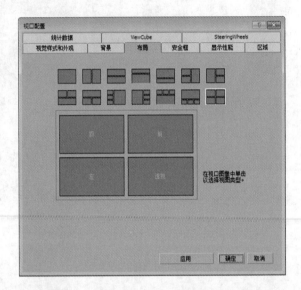

2.1.2 视口显示模式

执行"视图>视口配置"命令，打开"视口配置"对话框，然后切换到"视觉样式和外观"选项卡，如右图所示，即可设置当前视口或所有视口的渲染方式。

在"渲染级别"下拉菜单中有多种不同的着色渲染对象的方式，下面将对该下拉列表中的选项及选项卡中其他内容进行详细讲解。

真实：使用真实平滑着色渲染对象，并显示反射、高光和阴影。要在"真实"和"线框"选项间快速切换，请按 F3 键。

明暗处理：该选项只有高光和反射。

面：将多边形作为平面进行渲染，但是不使用平滑或高亮显示进行着色。

隐藏线：线框模式隐藏法线指向偏离视口的面

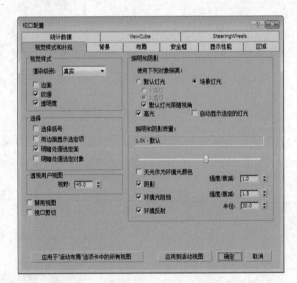

和顶点，以及被附近对象模糊的对象的任一部分。只有在这一模式下，线框颜色由"视口 >隐藏线未选定颜色"命令决定，而不是对象或材质颜色。

线框：将对象绘制作为线框，并不应用着色。要在"线框"和"真实"间快速切换，可以按 F3快捷键。

边界框：将对象绘制作为边界框，并不应用着色。边界框的定义是将对象完全封闭的最小框。

边面：只有在当前视口处于着色模式时（如平滑、平滑 +高光、面+高光或边面）才可以使用该复选框。在这些模式下勾选"边面"复选框之后，将沿着着色曲面出现对象的线框边缘，这对于在着色显示中编辑网格非常有用。按 F4 快捷键可切换"边面"显示。

纹理：该复选框用于使用像素插值重画视口（更正透视）。当由于一些原因，要强制视口进行重画之前，重画的图像将保持不变视口进行着色，并且至少显示一个对象贴图时，此功能才生效。

透明度：已指定透明度的对象使用双通道透明效果进行显示。

用边面显示选定项：当视口处于着色模式时（如真实、面），切换选定对象高亮显示边的显示。在这些模式下启用该选项之后，将沿着着色曲面出现选定对象的线框边缘，对于选择小对象或多个对象时非常有用。

明暗处理选定面：当启用时，选定的面接口会显示为红色的半透明状态。这使得在明暗处理视口中更容易地看到选定面，其快捷键为F2。

明暗处理选定对象：当启用时，选定的对象会显示为红色的半透明状态。在明暗处理视口中更容易地看到选定对象。

视野：设置透视视口的视野角度。当其他任何视口类型处于活动状态时，此微调器不可用。可以在修改命令面板中调整摄影机视野。

禁用视图：禁用"应用于"视口选择。禁用视口的行为与其他任何处于活动状态的视口一样。然而，当更改另一个视口中的场景时，在下次激活"禁用视口"之前不会更改其中的视口。使用此功能可以在处理复杂几何体时加速屏幕重画速度。

视口剪切：启用该选项之后，交互设置视口显示的近距离范围和远距离范围。位于视口边缘的两个箭头用于决定剪切发生的位置。标记与视口的范围相对应，下标记是近距离剪切平面，而上标记设置远距离剪切平面。这并不影响渲染到输出，只影响视口显示。

默认灯光：启用此选项可使用默认照明。禁用此选项可使用在场景中创建的照明。如果场景中没有照明，则将自动使用默认照明，即使此复选框已禁用也是如此，默认设置为启用。

场景灯光：场景中有照明，则将不会自动使用默认照明而使用在场景中创建的照明。

进阶案例 调整模型的预览效果

在3ds Max 2016中，系统默认选择及预览模型时会以轮廓高亮显示，在较为复杂的模型中比较方便选择，但是高亮的轮廓会影响对模型边线的编辑，这时可以取消该设置。下面介绍操作步骤：

01 启动3ds Max 2016应用程序，绘制一个长方体，看到长方体的轮廓以高亮显示，如下图所示。

02 执行"自定义＞首选项"命令，如下图所示。

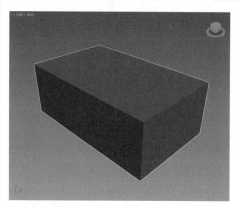
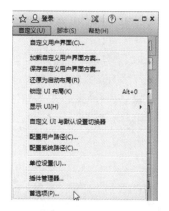

03 打开"首选项设置"对话框，切换到"视口"选项卡，取消勾选"选择/预览亮显"复选框，如下图所示。

04 设置完成后，关闭"首选项设置"对话框，返回到视口，可以看到长方体轮廓的高亮显示不见了，如下图所示。

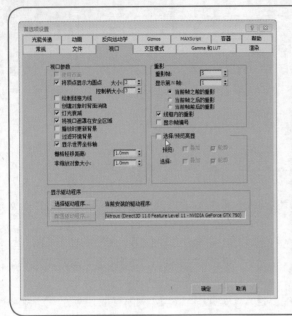

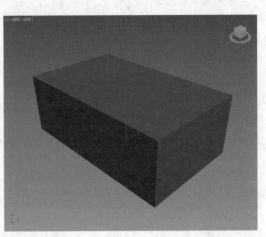

2.2 基本操作

本节主要介绍3d Max 2016的基本操作，例如文件的打开、重置、保存等，以及对象的变换、复制、捕捉、对齐、镜像、隐藏、冻结、成组等基本操作。

2.2.1 文件操作

为了更好地掌握并应用3ds Max 2016，首先将介绍关于文件的操作方法。在3ds Max 2016中，关于文件的基本操作命令都集中在文件菜单中，如右图所示。

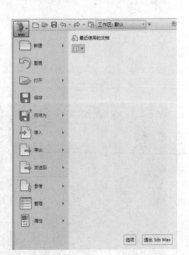

1. 新建

执行"新建"命令后，在其右侧面板中将出现3种新建方式，现分别介绍如下：

- 新建全部：该命令可以清除当前场景的内容，保留系统设置，如视口配置、捕捉设置、材质编辑器、背景图像等。
- 保留对象：用新场景刷新3ds Max，并保留进程设置及对象。
- 保留对象和层次：用新场景刷新3ds Max，并保留进程设置、对象及层次。

2. 重置

执行"重置"命令，重置场景。使用"重置"命令可以清除所有数据并重置程序设置（如视口配置、捕捉设置、材质编辑器、背景图像等）。"重置"命令可以还原默认设置，并且可以移除当前会话期间所做的任何自定义设置。使用"重置"命令与退出并重新启动 3ds Max的效果相同。

3. 打开

执行"打开"命令，在新版本中的打开方式包括以下两种：

- 打开文件：执行"打开"命令，将弹出"打开文件"对话框，从中用户可以任意加载场景文件（MAX 文件）、角色文件（CHR 文件）或 VIZ 渲染文件（DRF文件）。
- 从Vault中打开文件：将打开储存于Vault中现有的3ds Max文件

4. 保存

执行"保存"命令，保存场景。第一次执行"文件>保存"命令，将打开"文件另存为"对话框，通过此对话框可以为文件命名、指定路径。使用"保存"命令，可覆盖上次保存的场景文件更新为当前的场景。

5. 另存为

执行"另存为"命令，将会发现有3种另存为模式：

- 另存为：可以为文件指定不同的路径和文件名，采用 MAX 或 CHR 格式保存当前的场景文件。
- 保存副本为：以新增量名称保存当前的3d Max文件。
- 归档：压缩当前3ds Max文件和所有相关资料到一个文件夹。

知识链接 **关于常见文件类型的介绍**

① MAX 文件类型是完整的场景文件。
② CHR 文件是将"保存类型"设为"3ds Max角色"后，保存的角色文件。
③ DRF文件是VIZ Render中的场景文件，VIZ Render是包含在AutoCAD建筑中的一款渲染工具。该文件类型类似于 Autodesk VIZ先前版本中的MAX文件。

2.2.2 变换操作

移动、旋转和缩放操作统称为变换操作，是使用最为频繁的操作。3ds Max 2016版本中又增加了选择并放置工具，若需要更改对象的位置、方向或比例，可以单击主工具栏上的相关变换按钮，或从快捷菜单中选择变换方式。使用鼠标、状态栏的坐标显示字段或在对话框中设置，可以将变换应用到选定对象。

1. 选择并移动

选择要移动单个对象，单击该按钮使之处于活动状态，单击对象进行选择，当轴线变成黄色时，按轴的方向拖动鼠标以移动该对象。

2. 选择并旋转

选择要旋转单个对象，单击该按钮使之处于活动状态，单击对象进行选择，并拖动鼠标以旋转该对象。

3. 选择并缩放

主工具栏上的选择并缩放弹出按钮提供了对用于更改对象大小的3种工具的访问。

使用选择并缩放弹出按钮上的选择并均匀缩放按钮，可以沿所有 3个轴以相同量缩放对象，同时保持对象的原始比例。

使用选择并缩放弹出按钮上的选择并非均匀缩放按钮，可以根据活动轴约束以非均匀方式缩放对象。

使用选择并缩放弹出按钮上的选择并挤压工具，可以根据活动轴约束来缩放对象。挤压对象势必牵涉到在一个轴上按比例缩小，同时在另两个轴上均匀地按比例增大。

4. 选择并放置

选择并放置弹出按钮提供了移动对象和旋转对象的2种工具，选择并放置以及选择并旋转。

要放置单个对象，无须先将其选中。当工具处于活动状态时，单击对象进行选择并拖动鼠标即可移动该对象。随着鼠标拖动对象，方向将基于基本曲面的发现和"对象上方向轴"的设置进行更改。启用选择并旋转工具后，拖动对象会使其围绕通过"对象上方向轴"设置指定的局部轴进行旋转。右键单击该工具按钮，即可打开"放置设置"对话框，如右图所示。

2.2.3 复制操作

3ds Max提供了多种复制方式，可以快速创建一个或多个选定对象的多个版本，本节将介绍多种复制操作的方法。

1. 变换复制

选择需要复制的对象，按Shift键的同时使用"移动"、"旋转"、"缩放"、"放置"变换操作工具选择对象，打开右图的对话框。使用这种方法能够设定复制的方法和复制对象的个数。

2. 克隆复制

在场景中选择需要复制的对象，执行"编辑＞克隆"命令，打开"克隆选项"对话框，直接进行克隆复制。使用这种方法一次只能克隆一个选择对象。

3. 阵列复制

单击菜单栏中的"工具"菜单，在其下拉菜单下选择"阵列"命令，随后将弹出"阵列"对话框，如右图所示，使用该对话框可以基于当前选择对象创建阵列复制。该对话框中各选项的含义介绍如下：

（1）"阵列变换"选项组

"增量"选项用于指定使用哪种变换组合来创建阵列，还可以为每个变换指定沿3个轴方向的范围。在每个对象之间，可以按"增量"指定变换范围；对于所有对象，可以按"总计"指定变换范围。在任何一种情况下，都测量对象轴点之间的距离。使用当前变换设置可以生成阵列，因此该组标题会随变换设置的更改而改变。

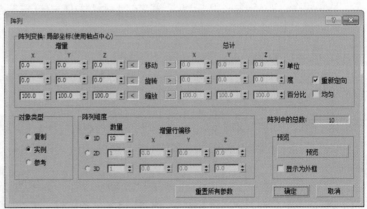

单击"移动"、"旋转"或"缩放"左侧或右侧的箭头按钮，将指示是否要设置"增量"或"总计"阵列参数。

- 移动：指定沿 X、Y 和 Z 轴方向每个阵列对象之间的距离（以单位计）。
- 旋转：指定每个对象围绕3个轴中的任一轴旋转的度数（以度数计）。

- 缩放：指定阵列中每个对象沿3个轴中的任一轴缩放的百分比（以百分比计）。
- 单位：指定沿3个轴中每个轴的方向，所得阵列中两个外部对象轴点之间的总距离。例如，如果要为6个对象编排阵列，并将"移动 X"总计设置为100，则这6 个对象将按以下方式排列在一行中：行中两个外部对象轴点之间的距离为100个单位。
- 度：指定沿3个轴中的每个轴应用于对象的旋转的总度数。例如，可以使用此方法创建旋转总度数为360 度的阵列。
- 百分比：指定对象沿3个轴中的每个轴缩放的总计。
- 重新定向：将生成的对象围绕世界坐标旋转的同时，使其围绕局部轴旋转。当不勾选该复选框时，对象会保持其原始方向。
- 均匀：该复选框用于禁用Y 和Z 微调器，并将 X 值应用于所有轴，从而形成均匀缩放。

（2）"对象类型"选项组

- 复制：将选定对象的副本排列到指定位置。
- 实例：将选定对象的实例排列到指定位置。
- 参考：将选定对象的参考排列到指定位置。

（3）"阵列维度"选项组

用于添加到阵列变换维数。

- 1D：根据"阵列变换"选项组中的设置，创建一维阵列。
- 数量：指定在阵列的该维中对象的总数。对于 1D 阵列，此值即为阵列中的对象总数。
- 2D：创建二维阵列。
- 数量：指定在阵列的该维中对象的总数。
- 增量行偏移：指定沿阵列二维的每个轴方向的增量偏移距离。
- 3D：创建三维阵列。
- 数量： 指定在阵列的该维中对象的总数。
- 增量行偏移： 指定沿阵列三维的每个轴方向的增量偏移距离。

（4）阵列中的总数： 显示将创建阵列操作的实体总数，包含当前选定对象。如果排列了选择集，则对象的总数是此值乘以选择集的对象数的结果。

（5）"预览"选项组

- 预览： 切换当前阵列设置的视口预览，更改设置将立即更新视口。如果加速拥有大量复杂对象阵列的反馈速度，则勾选"显示为外框"复选框。
- 显示为外框： 将阵列预览对象显示为边界框而不是几何体。

（6）重置所有参数： 将所有参数重置为其默认设置。

2.2.4 捕捉操作

捕捉操作能够捕捉处于活动状态位置的3D空间的控制范围，而且有很多捕捉类型可用，可以用于激活不同的捕捉类型。与捕捉操作相关的工具按钮包括捕捉开关、角度捕捉、百分比捕捉、微调器捕捉切换。现分别介绍如下：

（1）捕捉开关

这 3 个按钮代表了 3种捕捉模式，提供捕捉处于活动状态位置的 3D 空间的控制范围。在捕捉对话框中有很多捕捉类型可用，可以用于激活不同的捕捉类型。

（2）角度捕捉

用于切换确定多数功能的增量旋转，包括标准旋转变换。随着旋转对象或对象组，对象以设置的增量围绕指定轴旋转。

（3）百分比捕捉

用于切换通过指定的百分比增加对象的缩放。

（4）微调器捕捉切换

用于设置3ds Max 2016中所有微调器的单个单击所增加或减少的值。

当按下捕捉按钮后，可以捕捉栅格、切换、中点、轴点、面中心和其他选项。

使用鼠标右键单击主工具栏的空区域，在弹出的快捷菜单中选择"捕捉"命令打开"栅格和捕捉设置"对话框，如右图所示。可以使用"捕捉"选项卡下的这些复选框启用捕捉设置的任何组合。

2.2.5 对齐操作

对齐操作可以将当前选择与目标选择进行对齐，这个功能在建模时使用频繁，希望读者能够熟练掌握。

主工具栏中的"对齐"按钮提供了对用于对齐对象的 6 种不同工具的访问。按从上到下的顺序，这些工具依次为对齐、快速对齐、法线对齐、放置高光、对齐摄影机、对齐到视口。

首先在视口中选择源对象，接着在工具栏上单击"对齐"按钮，将光标定位到目标对象上并单击，在打开的对话框中设置对齐参数并完成对齐操作，如右图所示。

2.2.6 镜像操作

在视口中选择任一对象，在主工具栏上单击"镜像"按钮，将打开"镜像"对话框。在开启的对话框中设置镜像参数，然后单击"确定"按钮完成镜像操作。打开的"镜像"对话框如右图所示。

"镜像轴"选项组表示镜像轴选择为X、Y、Z、XY、YZ和ZX。选择相应的单选按钮，可指定镜像的方向。这些选项等同于"轴约束"工具栏上的选项按钮。其中偏移选项用于指定镜像对象轴点距原始对象轴点之间的距离。

"克隆当前选择"选项组用于确定由"镜像"功能创建的副本的类型，默认选择"不克隆"单选按钮。

- 不克隆：在不制作副本的情况下，镜像选定对象。
- 复制：将选定对象的副本镜像到指定位置。
- 实例：将选定对象的实例镜像到指定位置。
- 参考：将选定对象的参考镜像到指定位置。
- 镜像 IK 限制：当围绕一个轴镜像几何体时，会导致镜像 IK 约束（与几何体一起镜像）。如果不希望 IK 约束受"镜像"命令的影响，可取消勾选该复选框。

2.2.7 隐藏操作

在建模过程中为了便于操作，常常将部分物体暂时隐藏，以提高界面的操作速度，在需要时再将其显示。

在视口中选择需要隐藏的对象并单击鼠标右键，如右图所示，在弹出的快捷菜单中选择"隐藏当前选择"或"隐藏未选择对象"命令，将实现隐藏操作。当不需要隐藏对象时，同样在视口中单击鼠标右键，在弹出的快捷菜单中选择"全部取消隐藏"或"按名称取消隐藏"命令，场景中的对象将不再被隐藏。

2.2.8 冻结操作

在建模过程中为了便于操作，避免场景中对象的误操作，常常将部分物体暂时冻结，在需要的时候再将其解冻。

在视口中选择需要冻结的对象并单击鼠标右键，在弹出的快捷菜单中选择"冻结当前选择"命令，将实现冻结操作。当不需要冻结对象时，同样在视口中单击鼠标右键，在弹出的快捷菜单中选择"全部解冻"命令，场景的对象将不再被冻结。

2.2.9 成组操作

控制成组操作的命令集中在"组"菜单栏中，该菜单中包含用于将场景中的对象成组和解组的功能，如右图所示。

执行"组>成组"命令，可将对象或组的选择集组成为一个组。

执行"组>解组"命令，可将当前组分离为其组件对象或组。

执行"组>打开"命令，可暂时对组进行解组，并访问组内的对象。

执行"组>关闭"命令，可重新组合打开的组。

执行"组>附加"命令，可使选定对象成为现有组的一部分。

执行"组>分离"命令，可从对象的组中分离选定对象。

执行"组>炸开"命令，解组组中的所有对象，与"解组"命令不同，该命令只解组一个层级。

执行"组>集合"命令，在其级联菜单中提供了用于管理集合的命令。

进阶案例 归档场景

在进行室内设计表现的过程中，设计者所制作模型的贴图可能分布在不同的位置。当将模型文件复制到另外一台电脑上时，就会发现贴图、光域网文件不见了，打开文件后，会弹出"缺少外部文件"对话框，如右图所示。这说明当前这台电脑的贴图路径不对或者没有贴图。

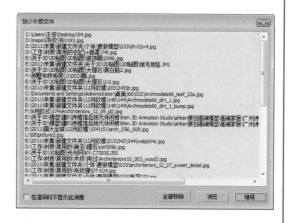

为了避免这种现象，就需要用到"归档"命令，将所有的贴图、光域网、模型全部压缩到一起，在使用的时候，只需要将文件解压即可。下面将对其相关操作进行详细介绍。

01 在3ds Max 2016的文件菜单中执行"另存为>归档"命令，打开"文件归档"对话框，设置归档路径及名称，单击"保存"按钮，如下图所示。

02 这时会弹出一个窗口，如下图所示。这就将所有的贴图、光域网以及模型进行归类并进行压缩。

03 归档完毕后，我们将得到一个压缩文件，这样如果将文件复制到其他电脑上继续操作，可以对文件进行解压，所有的贴图、光域网以及模型都会在一个文件夹中，不会出现贴图丢失的情况了。

进阶案例 自定义绘图环境

下面我们将一起学习如何对3ds Max 2016实施个性化设置操作，比如单位设置和快捷键设置，具体介绍如下。

1. 单位设置

单位是在建模之前必须要调整的要素之一，设置的单位用于度量场景中的几何体，使绘制的图纸更加精确，设置单位的具体操作过程如下：

01 执行"自定义>单位设置"命令，或者按下快捷键Alt+U+U，如下左图所示，打开"单位设置"对话框，单击"系统单位设置"按钮。

02 打开"系统单位设置"对话框，设置系统单位比例1单位=1毫米，如下中图所示。

03 单击"确定"按钮返回到"单位设置"对话框，设置显示单位比例为公制的毫米，设置完成后单击"确定"按钮即可，如下右图所示。

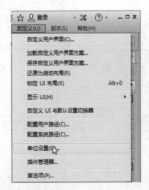  

2. 快捷键设置

在实际工作与学习中为了提高效率，个性快捷键的设置将帮助用户在作图时更加得心应手，接下来将给用户详细讲解快捷键的设置方法。

01 执行"自定义 >自定义用户界面"命令，如下图所示。

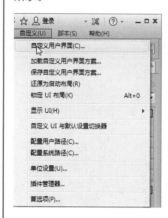

02 打开"自定义用户界面"对话框，切换到"键盘"选项卡，如下图所示。

03 选择"角度捕捉切换"操作选项，可以看到"角度捕捉切换"的快捷键为A，如下图所示。

04 保持选择"角度捕捉切换"选项，单击右侧的"移除"按钮，将操作的快捷键取消，而列表中"角度捕捉切换"选项不再有快捷键，如下图所示。

05 若用户想将"角度捕捉切换"的快捷键设置成数字1，那么在"热键"文本框中输入1，单击"指定"按钮即可，如下图所示。

06 操作完成后可以看到"角度捕捉切换"的快捷键已经显示为1，如下图所示，这样快捷键的设置就完成了。

课后练习

一. 选择题

1. 3ds Max中默认的对齐快捷键为（   ）。

A. W   B. Shift+J

C. Alt+A   D. Ctrl+DC

2. 3ds Max的插件默认安装在（   ）目录下。

A. plugins   B. plugcfg

C. Scripts   D. 3ds Max的安装

3. 在放样的时候，默认情况下截面图形上的（   ）放在路径上。

A. 第一点   B. 中心点

C. 轴心点   D. 最后一点

4. 渲染场景的快捷方式默认为（   ）。

A. F9   B. F10

C. Shift+Q   D. F11

5. 复制关联物体的选项是（   ）。

A. 复制   B. 实例

C. 参考   D. 都不是

二. 填空题

1. 在默认状态下，视图区一般由_____个相同的方形窗格组成，每一个方形窗格为一个视图。

2. 打开材质面板的快捷键是_____，打开动画记录的快捷键是_____，锁定X轴的快捷键是_____。

3. 3ds Max设计步骤依次为：_____、建模、_____、材质、_____、_____。

三. 操作题

根据本章所学的知识，为"组炸开"命令指定快捷键V，如下图所示。

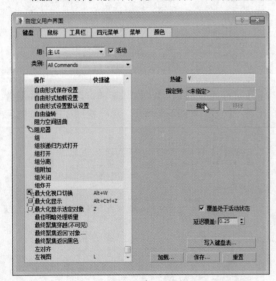 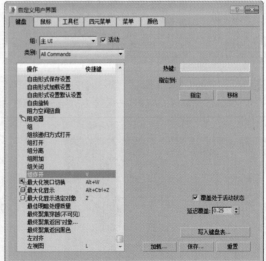

Chapter

03

基础建模技术

本章将详细介绍几何体和基本图形的创建方法，在讲解理论知识的同时，还将通过具体实例进行进一步的讲解，以帮助读者更好地掌握这些建模的方法。通过对本章内容的学习，读者可以了解基本的建模要领，熟悉标准基本体与扩展基本体的创建方法与技巧。为后面章节知识的学习做好进一步的铺垫。

知识要点

① 理解几何体与图形的区别
② 掌握对象的参数设置
③ 掌握基本体创建、应用及形态
④ 掌握扩展基本体的创建、应用及形态

上机安排

学习内容	学习时间
● 标准基本体的创建	60分钟
● 扩展基本体的创建	30分钟
● 创建茶具模型	25分钟
● 创建单人沙发模型	20分钟

3.1 创建标准基本体

本节将对3ds Max 2016中标准基本体的命令和创建方法进行详细介绍，以帮助用户能够更快地了解和使用3ds Max 2016软件。

首先来认识标准基本体，标准基本体包括：长方体、圆锥体、球体、几何球体、圆柱体、管状体、圆环、四棱锥、茶壶、平面。

在命令面板中选择"创建" ▓ > "几何体" ⚪ > "标准基本体" 标准基本体 ▼ 选项，即可显示全部基本体，如右图所示。

3.1.1 长方体

长方体是建模最常用的基本体之一，下面将给用户详细介绍长方体的创建方法和参数的设置，具体操作步骤如下：

步骤01 在标准基本体创建命令面板中单击"长方体"按钮，在顶视图中绘制长方形，如下图所示。

步骤02 松开鼠标，再沿Z轴移动光标，长方形出现了厚度，如下图所示。

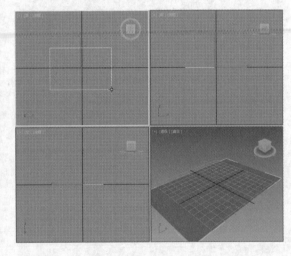

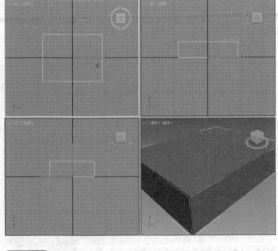

步骤03 向上移动光标到指定高度后释放鼠标，即可创建出一个长方体，单击"所有视图最大化显示"按钮▓，如下图所示。

步骤04 在右边的"参数"卷展栏中设置"长度分段"为2、"宽度分段"为3、"高度分段"为4，在顶视图、前视图、左视图中查看分段效果，如下图所示。

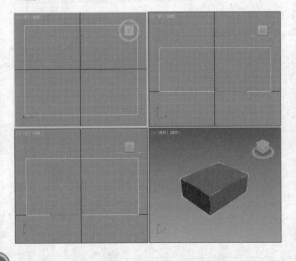

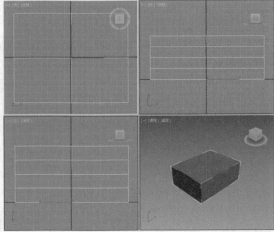

步骤05 切换到透视图，在视图左上角的视图显示方式处单击鼠标右键，在弹出的快捷键菜单中选择"边面"命令，则在透视图中的模型也显示出分段的边，如下图所示。

步骤06 进入修改命令面板，设置模型的长度、宽度、高度值，得出相应大小的长方体，如下图所示。至此，完成长方体模型的创建。

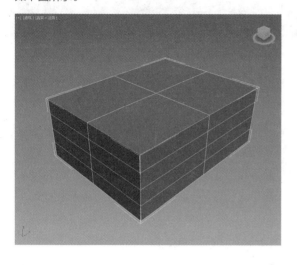

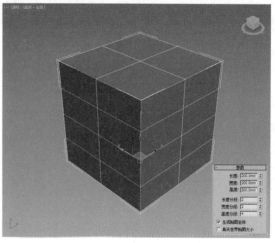

3.1.2 圆锥体

利用圆锥体命令可以创建各种类型的天台，该命令的具体使用方法如下：

步骤01 在标准基本体创建命令面板中单击"圆锥体"按钮，在顶视图中单击确定圆心并拖动鼠标创建一个圆面，如下图所示。

步骤02 释放鼠标左键，沿Z轴向上移动鼠标，圆面升起成圆柱，其高度随光标的位置变化而变化，如下图所示。

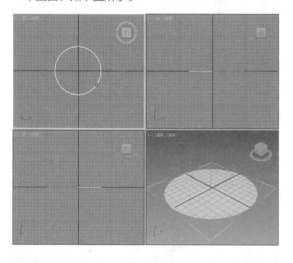

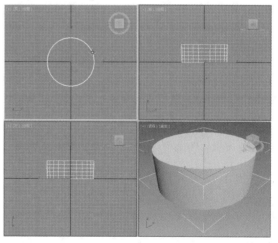

步骤03 将光标移动到适当位置时再单击鼠标，圆柱高度停止变化。继续移动鼠标，圆柱顶面随鼠标移动而放大，如下图所示。

步骤04 向反方向移动鼠标，直到半径2尺寸变为0，单击鼠标左键即可完成圆锥体的创建，如下图所示。至此，完成圆锥体模型的创建。

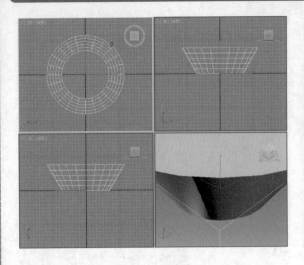
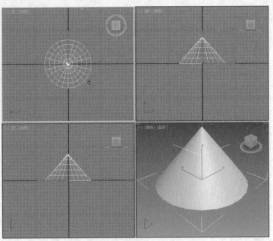

3.1.3 球体

　　球体表面的网格线由经纬线构成，利用球体模型可以生成完整的球体、半球体或球体的其他部分，还可以围绕球体的垂直轴对其进行切片。下面将介绍"球体"基本体的创建，其具体操作步骤如下：

步骤01 在标准基本体创建命令面板中单击"球体"按钮，在透视视图中按住鼠标左键拖动创建一个球体，如右图所示。

步骤02 在球体的"参数"卷展栏中设置"半径"为100mm，适当调整其他参数，如下左图所示。

步骤03 在"参数"卷展栏的"半球"数值框中输入0.5，即沿Z轴去掉50%球体，同时选中"切除"单选按钮，如下右图所示。

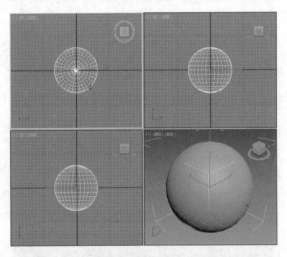

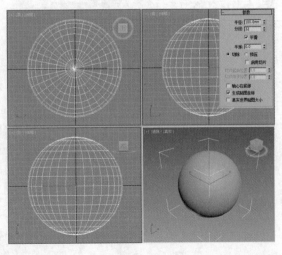
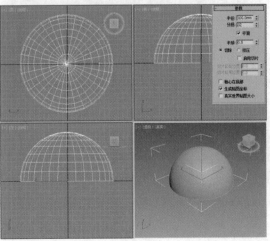

步骤04 在"参数"卷展栏中勾选"启用切片"复选框，并设置"切片起始位置"为40，"切片结束位置"为160，效果如右图所示。

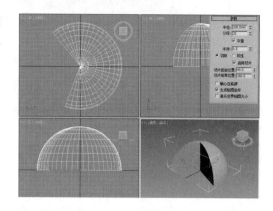

3.1.4 几何球体

与标准球体相比，几何球体能够生成更加规则的曲面。几何球体表面的网格线由三角面拼接而成，而球体表面由四边形构成，由于组成几何球体表面网格的三角面具有更好的对称性，在相同分段的情况下，几何球体的渲染效果比球体更加光滑。下面将介绍几何球体的创建，其具体操作步骤如下：

步骤01 在标准基本体创建命令面板中单击"几何球体"按钮，在顶视图中创建几何球体，如下图所示。

步骤02 在"参数"卷展栏中将"分段"设置为1，并取消勾选"平滑"复选框，即可区分各种基点面类型，下图为二十面体。

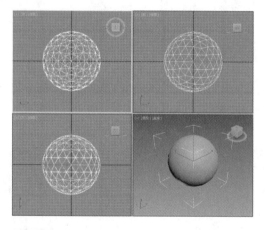

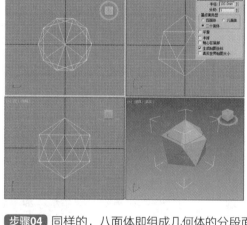

步骤03 四面体组成几何球体的分段是4个面，如下图所示。

步骤04 同样的，八面体即组成几何体的分段面是8个面，如下图所示。

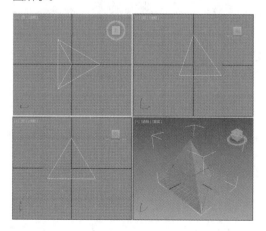

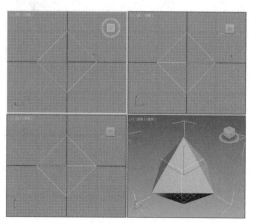

需要强调的是，三维对象的细腻程度与物体的分段数有着密切的关系，分段数越多，物体表面就越细腻光滑；反之分段数越少，物体表面就越粗糙。

3.1.5 圆柱体

圆柱体的创建相对其他基本体要简单一些，很容易掌握。创建圆柱体后，用户还可以根据建模需要，将圆柱体转变为棱柱体。其具体的操作步骤如下：

步骤01 在标准基本体创建命令面板中单击"圆柱体"按钮，创建圆柱体，如下图所示。

步骤02 在"参数"卷展栏中设置半径及高度值，如下图所示。

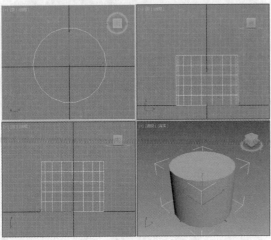

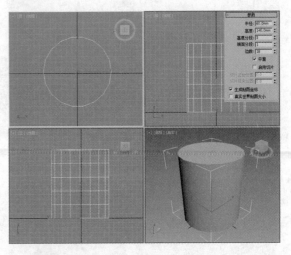

步骤03 将"参数"卷展栏中的"边数"改为6时，图中的圆柱体变成了六棱柱，如下图所示。

步骤04 在"参数"卷展栏中勾选"启用切片"复选框，并设置"切片起始位置"为40，"切片结束位置"为160，如下图所示。

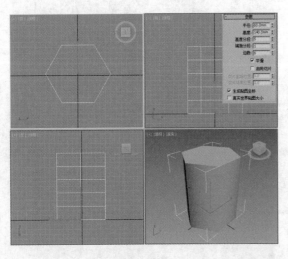

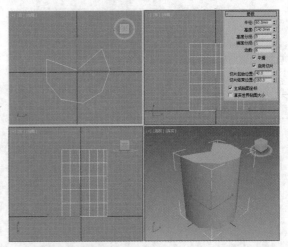

在学习了上述操作后，用户可以根据建模的需要创建出各种各样的圆柱体模型。

3.1.6 管状体

管状体主要应用于管道类物体的制作，下面将对其创建方法进行介绍：

步骤01 在标准基本体创建命令面板中单击"管状体"按钮,在顶视图中按住鼠标左键并拖动,产生一个圆圈,如下图所示。

步骤02 拖动到适当位置松开鼠标左键,继续拖动鼠标,产生一个圆环面,如下图所示。

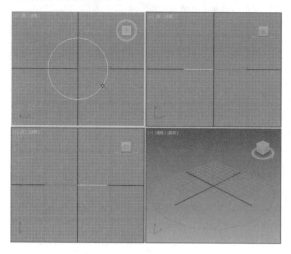

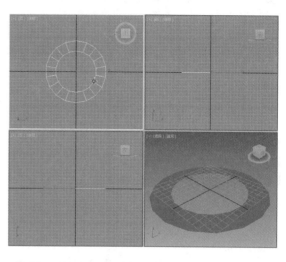

步骤03 在适当的位置单击鼠标左键,放开后沿Z轴拖动鼠标,圆环面升起变成圆管,如下图所示。

步骤04 到适当高度后单击鼠标左键,松开鼠标完成管状体的创建,如下图所示。

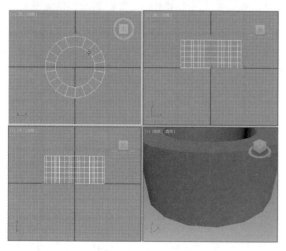

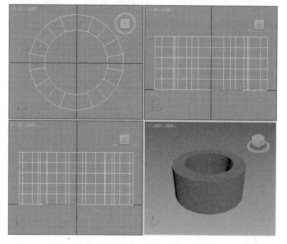

步骤05 打开修改命令面板,"半径1"和"半径2"分别控制圆管截面的外径和内径。管状体、圆锥体、圆柱体三者属于相近形状,它们的参数控制方法也相同,如右图所示。

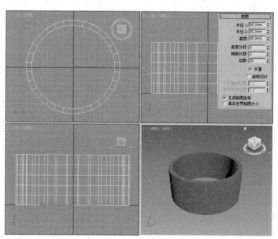

步骤06 在"参数"卷展栏中勾选"启用切片"复选框，并设置"切片起始位置"为40，"切片结束位置"为160，如右图所示。

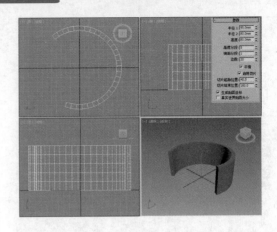

3.1.7 圆环

圆环的内容相比前面几个标准基本体又多增加了一些知识点，下面将对其具体的创建方法进行介绍：

步骤01 在标准基本体创建命令面板中单击"圆环"按钮，在顶视图中单击确定圆心并向外侧拖动鼠标，会出现一个圆环，如下图所示。

步骤02 到适当的位置松开鼠标左键并向相反的方向拖动鼠标，可以看到内径跟随光标变化，松开鼠标即可完成圆环的创建，如下图所示。

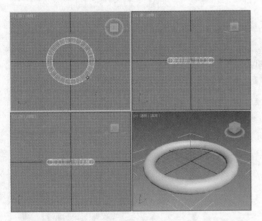

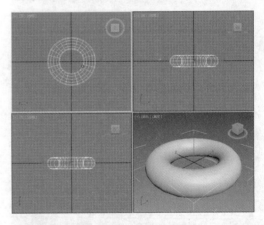

步骤03 需要注意的是圆环的"半径1""半径2"与其他几何物体不同，"半径1"指轴半径，"半径2"指截面半径，调整后如下图所示。

步骤04 利用"分段"数值框右侧的微调按钮进行段数的调节，注意随着分段的变化圆环的变化情况，由此可见圆环的分段是水平排列的，如下图所示。

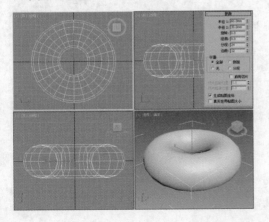

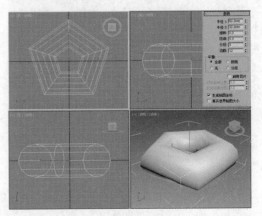

步骤05 利用同样的方法可以观察"边数"的含义，圆环的边指与圆环平行的母线之间的段数，下图是边数为4的圆环。

步骤06 利用同样方法来观察"扭曲"的作用方式。圆环扭曲是以环轴为轴心进行的，从分段的变化即可看出，如下图所示。

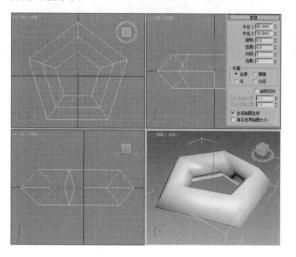

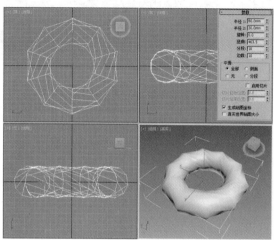

熟练掌握上述操作，可以快速地创建出各种模型。

3.1.8 茶壶

茶壶也是一个比较常用的基本体，下面将对其具体的创建步骤进行介绍：

步骤01 在标准基本体创建命令面板中单击"茶壶"按钮，在透视图中创建一个茶壶，如下图所示。

步骤02 茶壶只有"半径"和"分段"两个控制参数。"分段"值的控制方式与圆柱相似，如下图所示。

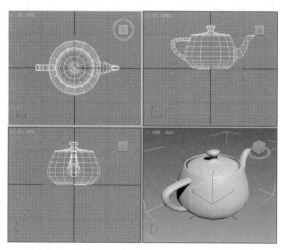

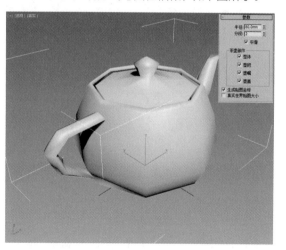

步骤03 "茶壶部件"选项区域内提供了创建茶壶各组成部件复选框，下图为勾选"壶体"复选框的效果。

步骤04 若再勾选"壶把"复选框，视图中将显示壶体和壶把的模型创建效果，如下图所示。

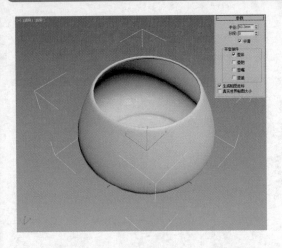
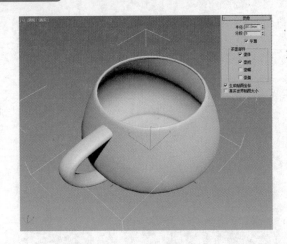

茶壶的命令就讲解到这里了，在制作茶具模型的实例中会用到茶壶及壶身的模型，用户一定要熟练茶壶命令的运用。

进阶案例 制作茶具模型

标准基本体在建模中扮演着相当重要的角色，接下来将带领用户创建一个茶几和一些茶具的小场景来感受一下标准基本体创建及其他工具命令的运用。

01 首先创建一个简单的茶几模型，在标准基本体创建命令面板中单击"长方体"按钮，创建一个1000×600×30的长方体作为茶几面，如右图所示。

02 创建60×60×450的长方体作为茶几腿，移动到合适位置，如下左图所示。

03 复制茶几腿模型到其他三个角，如下右图所示。

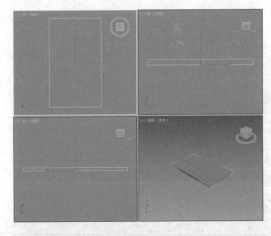

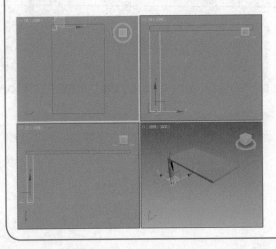
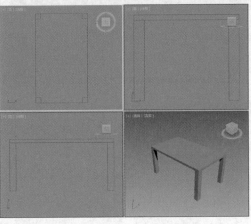

04 继续创建880×40×40的长方体并进行复制，调整到合适位置，如右图所示。

05 继续创建25×500×25的长方体并进行复制，效果如下左图所示。

06 创建一个茶壶模型，调整参数及位置，如下右图所示 。

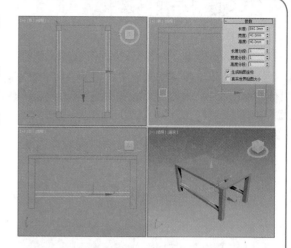

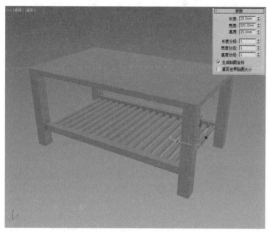

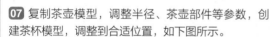

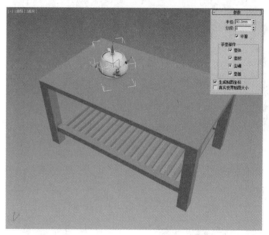

07 复制茶壶模型，调整半径、茶壶部件等参数，创建茶杯模型，调整到合适位置，如下图所示。

08 复制茶杯模型，并适当调整位置并旋转角度，完成一套茶具模型的制作，如下图所示 。

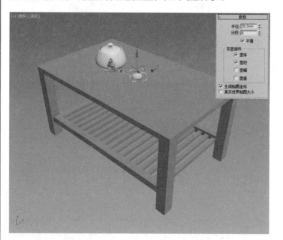

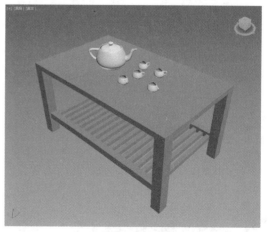

　　考虑到用户初次建模，这次建模相对比较简单，只用到几个标准基本体，用户可在此基础上加以发挥，尽量掌握三维建模的要素，为以后创建大场景打下坚实的基础。

3.2 创建扩展基本体

　　扩展基本体是3ds Max复杂基本体的集合。本节将对3ds Max 2016中扩展基本体的命令和创建方法进行详细介绍,以帮助用户能够更快地熟悉了解和使用3ds Max 2016软件。

　　在扩展基本体命令面板中,选择"创建" ⊞ >"几何体" ⬡ >"标准基本体" 扩展基本体 ▼ 选项,其中包括:异面体、环形结、切角长方体、切角圆柱体、油罐、胶囊、纺锤、L-Ext(L形拉伸体)、球棱柱、C-Ext(C形拉伸体)、 环形波、软管、棱柱,如右图所示。

3.2.1 异面体

　　异面体是一个可调整的由3、4、5边形围成的几何形体,其创建步骤如下:

步骤01 在扩展基本体创建命令面板中单击"异面体"按钮,创建一个多面体,如下图所示。

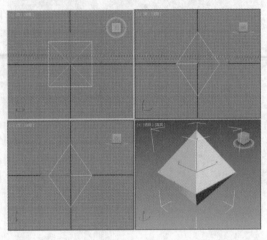

步骤02 创建四面体、立方体/八面体、十二面体/二十面体、星形1、星形2的效果,如下图所示。

步骤03 "系列参数"选项组中的P、Q控制着多面体顶点和轴线双重变换,二者之和不能大于1。设定一方不变,另一方增大,当二者之和大于1时,系统会自动将不变的那一方降低,以保证二者之和等于1。下图为P为0.6,Q为0.1时的四面体。

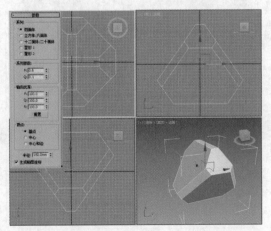

步骤04 "轴向比率"选项组中的P、Q、R 3个参数分别为其中一个面的轴线,调整这些参数便可以将这些面分别从其中心凹陷或凸出,下图为P为100,Q为50,R为80的立方体/八面体。

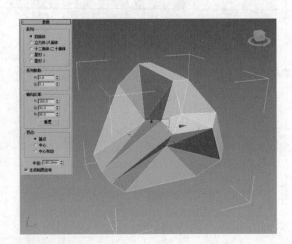

3.2.2 环形结

环形结常用于室内效果图制作的花式建模，其创建步骤如下：

步骤01 在扩展基本体创建命令面板中单击"环形结"按钮，创建一个多结圆环体，如下图所示。

步骤02 "基础曲线"选项组内有两种形式，一种是"结"，另一种是"圆"，下图为选择"圆"单选按钮，将"扭曲数"设置为8，将"扭曲高度"设置为0.3的效果。

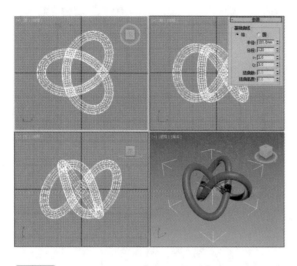

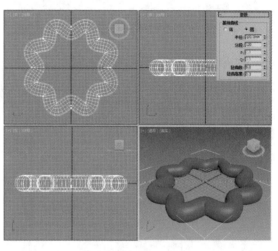

步骤03 P、Q两个控制参数分别控制垂直和水平方向的环绕次数，下图为P为2.5，Q为2的效果。当数值不是整数时，对象有相应的断裂。

步骤04 "横截面"选项中的"半径"参数用于控制横截面的半径，"边数"是控制横截面的边数，"偏心率"是指横截面偏离中心的比例，"扭曲"是指横截面的扭曲程度。将"半径"设置为19、"边数"为12、"偏心率"为0.7、"扭曲"为21，如下图所示。

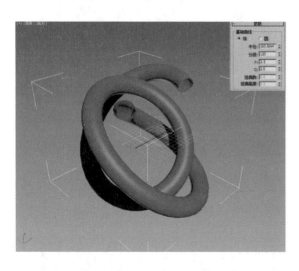

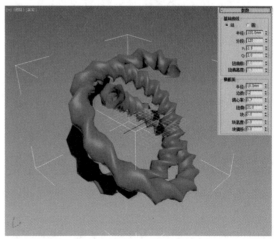

3.2.3 切角长方体、切角圆柱体、油罐、胶囊、纺锤体

下面将对常见的切角长方体、切角圆柱体、油罐、胶囊、纺锤体的创建过程进行详细介绍，其具体操作步骤如下：

步骤01 在扩展基本体创建命令面板中单击"切角长方体"按钮,创建一个倒角长方体,如下图所示。该模型用于室内平整形家居的创建,如衣柜,写字台等。

步骤02 该模型的关键参数是"圆角"和"圆角分段"的值,下图为"圆角"为10,"圆角分段"为5,其余参数与长方体相同的效果。

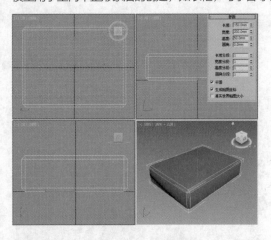

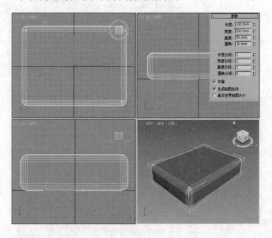

步骤03 在扩展基本体创建命令面板中单击"切角圆柱体"按钮,创建一个倒角圆柱,如下图所示。

步骤04 接着设置关键参数"圆角"和"圆角分段"的值,下图的"圆角"为8,"圆角分段"为3。

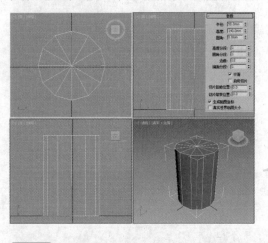

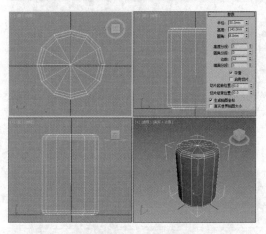

步骤05 在扩展基本体创建命令面板中单击"油罐"按钮,创建一个油罐体,如下图所示。

步骤06 设置关键参数"混合"的值,控制半球与圆柱体交接边缘的圆滑量,下图是"混合"为30的效果。

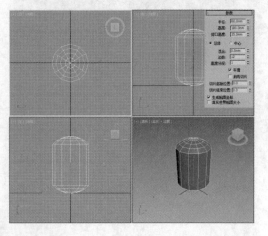

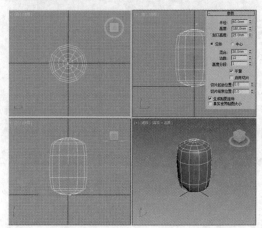

　　胶囊、纺锤的创建方法及参数的设置与油罐大致相同，这里就不多做介绍。切角长方体、油罐、胶囊和纺锤都是圆柱的扩展几何体。显然，这一类几何模型被称为扩展基本体的原因在于它们都是由标准基本体演变而来的，这些知识就先讲解到这里，用户可自己练习，熟练掌握这些几何体的创建方法。

3.2.4　球棱柱、C形延伸体、软管、棱柱

　　接下来对球棱柱、C形延伸体、软管、棱柱进行讲解，其创建步骤如下：

步骤01 在扩展基本体创建命令面板中单击"球棱柱"按钮，创建一个多边倒角棱柱，如下图所示。该功能常用于创建花样形状，如地毯、墙面饰物模型。

步骤02 关键参数有"边数"、"半径"、"圆角"、"高度"、"侧面分段"、"高度分段"、"圆角分段"，如下图所示。

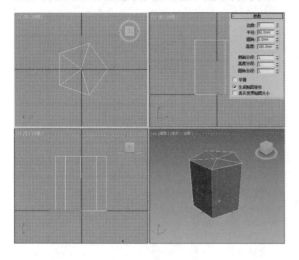

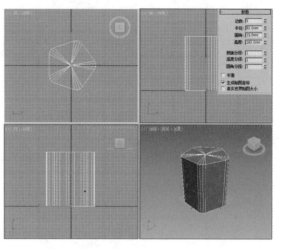

步骤03 在扩展基本体创建命令面板中单击"C-Ext"按钮，创建C形体，如下图所示，该功能常用于创建室内墙壁、屏风等模型创建。

步骤04 控制参数有"背面长度"、"侧面长度"、"前面长度"和"宽度分段"、"高度分段"、"背面分段"、"侧面分段"、"前面宽度分段"，如下图所示。

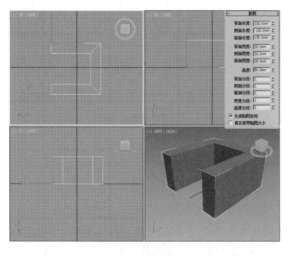

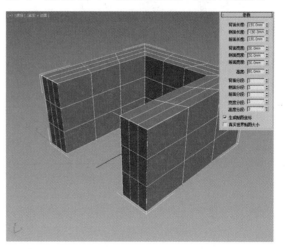

步骤05 在扩展基本体创建命令面板中单击"软管"按钮，创建一个软管体，如下图所示，该功能常用喷淋管、弹簧等模型的创建。

步骤06 在"软管形状"选项组中选择长方形软管，设置相关参数，如下图所示。

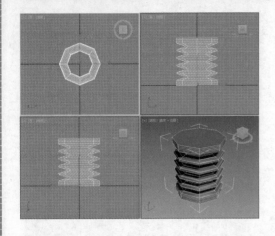

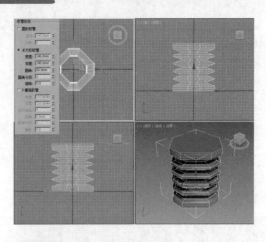

步骤07 在扩展基本体创建命令面板中单击"棱柱"按钮，创建一个三棱柱，如下图所示，该功能常用于简单形体家居模型的创建。

步骤08 设置关键参数如侧面长度、宽度、高度，以及各侧面分段，如下图所示。

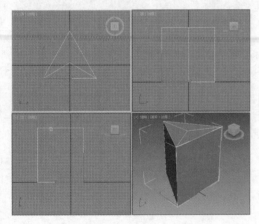

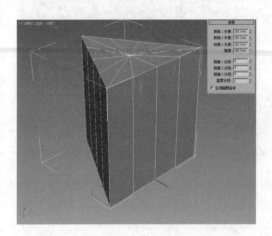

　　球棱柱、C形延伸体、软管、棱柱的讲解就到这里，可以多多尝试，体会这些扩展基本体的创建乐趣。

进阶案例 制作单人沙发模型

　　本案例将制作一个简单的单人沙发模型，所用到的也是前面学习过的内容，操作起来非常简单，其具体的建模过程如下：

01 首先创建一个切角长方体，设置相关参数，具体参数设置如右图所示。

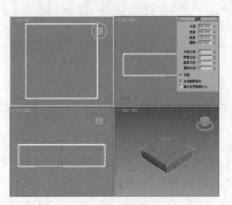

02 向上复制模型，再调整圆角及圆角分段参数，作为沙发坐垫，如下图所示。

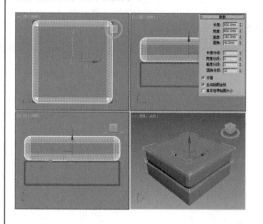

03 创建一个切角长方体，设置相关参数并进行复制，作为沙发扶手，如下图所示。

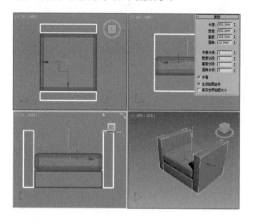

04 创建一个切角长方体，设置参数，作为沙发靠背，如下图所示。

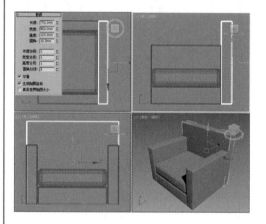

05 创建一个胶囊，设置相关参数，移动到合适的位置作为沙发上的腰枕，如下图所示。

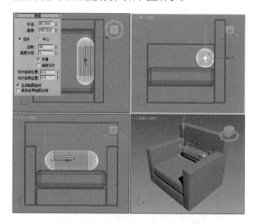

06 最后绘制四个参数相同的圆柱体，作为沙发腿，完成单人沙发模型的制作，如右图所示。

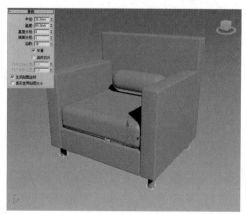

课后练习

一. 选择题

1. 执行文件菜单中的（　　）命令可以使3ds Max的系统界面复位到初始状态？

A. 新建 　　　　　　　　　B. 合并

C. 导入 　　　　　　　　　D. 重置

2. 复制具有关联性物体的选项为（　　）。

A. 加点 　　　　　　　　　B. 参考

C. 复制 　　　　　　　　　D. 实例

3. 在3ds Max中默认保存文件的扩展名是（　　）。

A. *.3ds 　　　　　　　　　B. *.Dxf

C. *.Dwg 　　　　　　　　　D. *.Max

4. 在标准几何体中，惟一没有高度的物体是（　　）。

A. 长方体 　　　　　　　　B. 圆锥体

C. 四棱锥 　　　　　　　　D. 平面

5. 标准几何体命令创建长方体，按下键盘上的Ctrl键后再拖动鼠标，即可创建出（　　）。

A. 四面体 　　　　　　　　B. 梯形

C. 正方形 　　　　　　　　D. 正方体

二. 填空题

1. _____变形命令用于产生适配变形。

2. 3ds Max中提供了_____种视图布局。

3. 在所有正交视图中，_____和_____没有区别。

4. 建筑上常用单位是_____。

5. 默认状态下，按住_____可以锁定所选择的物体，以便对所选对象进行编辑。

三. 操作题

用户课后可以综合运用多种建模方法创建一台电脑模型，如下图所示。

Chapter

04

高级建模技术

前一章节介绍了基本体建模的方法，本章将介绍高级建模的方法，例如二维图形建模、修改器建模、多边形建模等。通过对本章的学习，用户可以更加全面地了解建模的方法及优缺点，掌握各种建模方法的操作技能，从而高效地创建出自己想要的模型。

知识要点

① 样条线的创建
② NURBS曲线与样条线的区别
③ 复合对象的使用方法
④ 修改器的使用
⑤ 可编辑对象介绍

上机安排

学习内容	学习时间
● 样条线的创建	20分钟
● 制作藤艺灯饰	30分钟
● 创建复合对象	30分钟
● 修改器命令的应用	60分钟
● 制作餐桌餐椅模型	45分钟

4.1 样条线

样条线是指由两个或两个以上的顶点及线段所形成的集合线。利用不同的点线配置以及曲度变化，可以组合出任何形状的图案。样条线的位置：在命令面板中，选择"创建" ⊕ > "图形" ⊘ > "样条线" 样条线 ▼ 选项。

样条线包括线、矩形、圆、椭圆、弧、圆环、多边形、星形、文本、螺旋线、截面等12种，如右图所示。

在建筑及室内设计时通常用到的样条线就是线，故下面将以线为例详细介绍其创建和使用的方法。

4.1.1 线的创建

线在建模中扮演着重要的角色，用户一定要重视线创建的学习，线的创建步骤如下：

步骤01 在样条线创建命令面板中单击"线"按钮，在前视图中单击鼠标左键，并跳跃式单击不同位置，生成一条线，单击鼠标右键结束创建。鼠标单击的位置即为线的节点，节点是控制线的基本元素，节点分为"角点"、"平滑"和Bezier三种，如下图所示。

步骤02 在修改命令面板中，单击并激活line，默认选择"顶点"子层级，如下图所示。

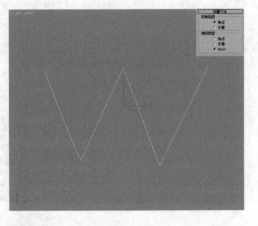

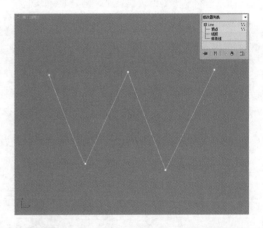

步骤03 在"渲染"卷展栏中，勾选"在渲染中启用"和"在视口中启用"复选框，设置合适的径向厚度和边值，如下图所示，线就有了一定的厚度。

步骤04 选中"矩形"单选按钮，线将以矩形的形态呈现，设置矩形的长度和宽度，如下图所示。

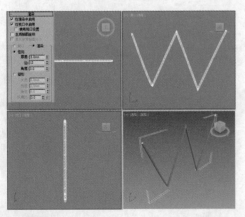

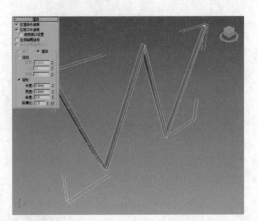

步骤05 在"几何体"卷展栏中，由"角点"所定义的节点形成的线是严格的折线，由"平滑"所定义的节点形成的线可以是圆滑相接的曲线。单击鼠标左键时若立即释放便形成折角，若继续拖动一段距离后释放鼠标便形成圆滑的弯角。由Bezier（贝赛尔）所定义的节点形成的线是依照Bezier算法得出的曲线，通过移动一点的切线控制柄来调节经过该点的曲线形状，如下图所示。

步骤06 "断开"就是将一个顶点断开成两个，如下图所示。

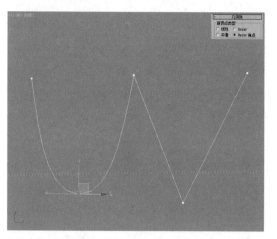

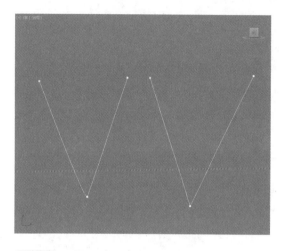

步骤07 "圆角"就是给角一个圆滑度，使之更圆滑，如下图所示。

步骤08 "切角"就是将角切成一条直线，如下图所示。

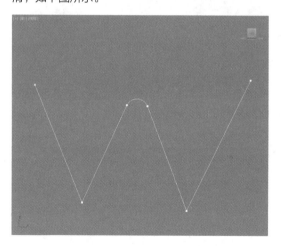

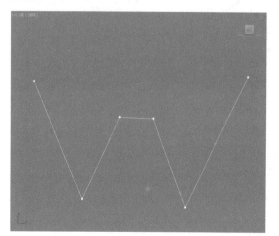

4.1.2 其他样条线的创建

熟练掌握线的创建后，其他样条线的创建就很容易了，样条线是比较重要的内容，所以用户一定要熟练掌握。下面将详细介绍其他样条线的具体创建步骤。

步骤01 矩形常用于创建简单家居的拉伸原型。关键参数有"长度"、"宽度"和"角半径"，如下图所示。

步骤02 圆常用与创建室内家居的花式即简单形状的拉伸原型，关键参数为"半径"，如下图所示。

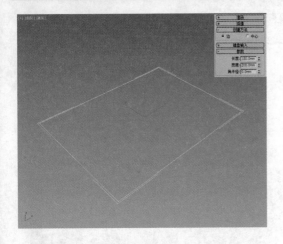

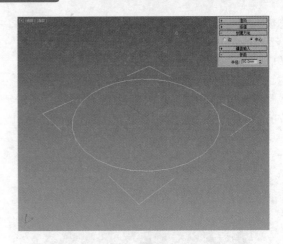

步骤03 椭圆常用于创建以圆形为基础的变型对象，关键参数有"长度"和"宽度"，如下图所示。

步骤04 弧的关键参数有"端点-端点-中央"、"中央-端点-端点"、"半径"、"从"、"到"、"饼形切片"和"反转"，如下图所示。

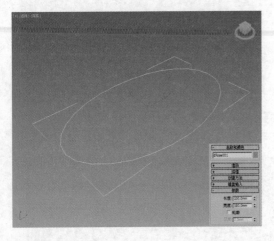

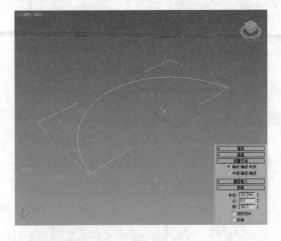

步骤05 圆环的关键参数包括"半径1"和"半径2"，如下图所示。

步骤06 多边形的关键参数包括"半径"、"内接"、"外接"、"边数"、"角半径"和"圆形"。

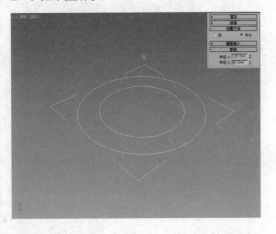

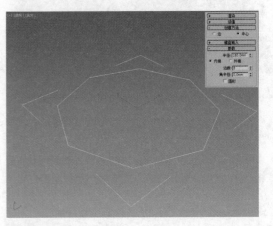

步骤07 星形的关键参数有"半径1"、"半径2"、"点"、"扭曲"、"圆角半径1"和"圆角半径2"。

步骤08 文本的关键参数有"大小"、"字间距"、"更新"和"手动更新"。

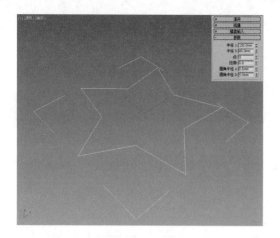

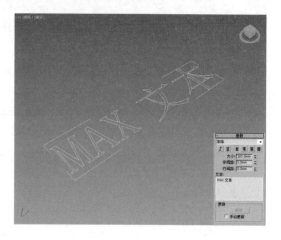

步骤09 螺旋线的关键参数有"半径1"、"半径2"、"高度"、"圈数"、"偏移"、"顺时针"和"逆时针"。

步骤10 截面是从已有对象上取剖面图形作为新的样条线,下图就是在所需位置创建的剖切平面。关键参数有"创建图形"、"移动截面时更新"、"选择截面时更新"、"手动更新"、"无限"和"截面边界"。

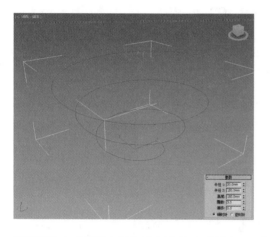

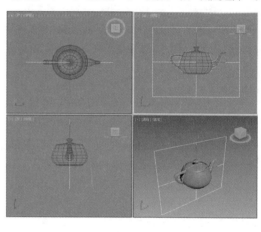

步骤11 在"截面参数"面板中单击"创建图形"按钮,弹出"命名截面图形"对话框,输入名称后单击"确定"按钮即可。

步骤12 删除作为原始对象的茶壶以及截面,剖切后产生的轮廓线就会显现出来,如下图所示。

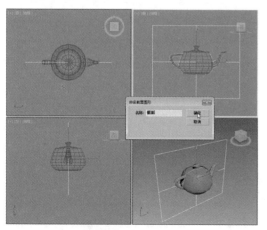

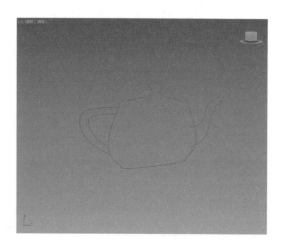

4.2 NURBS曲线及建模

NURBS曲线即统一非有理B样条曲线。这是完全不同于多边形模型的计算方法，这种方法以曲线来控制三维对象表面（而不是用网格），非常适合于复杂曲面对象的建筑。

NURBS曲线的位置：在命令面板中选择"创建" ➡️ ▷ "图形" 🔾 ▷ "NURBS曲线" NURBS 曲线 选项。

NURBS曲线从外观上看与样条线类似，而且二者可以相互转换，但它们的数学模型却大相径庭。NURBS曲线控制起来比样条线更加简单，所形成的几何体表面也更加光滑。

NURBS曲线共分为点曲线和CV曲线两类。

类　型	说　明
点曲线	以点来控制曲线的形状，节点位于曲线上
CV曲线	以CV控制点来控制曲线的形状，CV点不在曲线上，而在曲线的切线上

NURBS模型是由曲线和曲面组成的，NURBS建模也就是创建NURBS曲线和NURBS曲面的过程，使用它可以使以前实体建模难以达到的圆滑曲面的构建变得简单方便。NURBS造型由点、曲线和曲面3种元素构成，曲线和曲面又分为标准和CV型，创建它们既可以在创建命令面板内完成，也可以在一个NURBS造型内部完成。

NURBS曲面与NURBS曲线一样，都是通过多个曲面的组合形成最终要创建的造型，同NURBS曲线一样也有两种调节点。

另外在3ds Max中还有一种创建NURBS曲面的方法，创建一个几何体，将其转换为NURBS曲面，就可以利用NURBS工具箱对该对象进行编辑。在"常规"卷展栏中单击"NURBS创建工具箱"按钮 ▦，即可打开NURBS工具箱，如右图所示。

从图中可以看出NURBS工具箱包含3个部分：点、曲线和曲面，下面将详细介绍各个编辑工具的作用。

表　NURBS工具

名　称	功能介绍
⚠️创建点	创建一个独立自由的顶点
⊙创建偏移点	在距离选定点的偏移位置创建一个顶点
⊙创建曲线点	创建一个依附在曲线上的顶点
⊙创建曲线-曲线点	在两条曲线交叉处创建一个顶点
▦创建曲面点	创建一个依附在曲面上的顶点
▣创建曲面-曲线点	在曲面和曲线的交叉处创建一个顶点
⟋创建CV曲线	创建可控曲线，与创建面板中按钮功能相同
⟍创建点曲线	用于创建点曲线
⟍创建拟合曲线	即可以使一条曲线通过曲线的顶点、独立顶点，曲线的位置与顶点相关联
⤵创建变换曲线	创建一条曲线的备份，并使备份与原始曲线相关联
⟋创建混合曲线	在一条曲线的端点与另一条曲线的端点之间创建过渡曲线

续表

名 称	功能介绍
创建偏移曲线	创建一条曲线的备份,当拖动鼠标改变曲线与原始曲线之间的距离时,随着距离的改变,其大小也随之改变
创建镜像曲线	用于创建镜像曲线
创建切角曲线	用于创建切角曲线
创建圆角曲线	用于创建圆角曲线
创建曲面–曲面相交曲线	创建曲面与曲面的交叉曲线
创建U向等参曲线	偏移沿着曲面的法线方向,大小随着偏移量而改变
创建V向等参曲线	在曲线上创建水平和垂直的ISO曲线
创建法向投影曲线	以一条原始曲线为基础,在曲线所组成的曲面法线方向上曲面投影
创建向量投影曲线	它与创建标准投影曲线相似,只是投影方向不同,矢量投影时在曲面的法线方向上向曲面投影,而标准投影是在曲线所组成的曲面方向上曲面投影
创建曲面上的CV曲线	这与可控曲线非常相似,只是曲面上的可控曲线与曲面关联
创建曲面上点曲线	创建曲面上的点曲线
创建曲面偏移曲线	创建曲面上的偏移曲线
创建曲面边曲线	创建曲面上的边曲线
创建CV曲面	创建可控曲面
创建点曲面	用于创建点曲面
创建变换曲面	所创建的变换曲面是原始曲面的一个备份
创建混合曲面	在两个曲面的边界之间创建一个光滑曲面
创建偏移曲面	创建与原始曲面相关联且在原始曲面的法线方向指定的距离
创建镜像曲面	用于创建镜像曲面
创建挤出曲面	将一条曲线拉伸为一个与曲线相关联的曲面
创建车削曲面	即旋转一条曲线生成一个曲面
创建规则曲面	在两条曲线之间创建一个曲面
创建封口曲面	在一条封闭曲线上加上一个盖子
创建U向放样曲面	在水平方向上创建一个横穿多条NURBS曲线的曲面,这些曲线会形成曲面水平轴上的轮廓
创建UV放样曲面	创建水平垂直放样曲面,与水平放样曲面类似,不仅可以在水平面是哪个放置曲线,还可以在垂直方向上放置曲线,因此可以更精确地控制曲面的形状
创建单轨扫描	需要至少两条曲线,一条做路径,一条做曲面的交叉界面
创建双轨扫描	需要至少三条曲线,其中两条做路径,其他曲线作为曲面的交叉界面
创建多边混合曲面	在两个或两个以上的边之间创建融合曲面
创建多重曲线修剪曲面	在两个或两个以上的边之间创建剪切曲面
创建圆角曲面	在两个交叉曲面结合的地方建立一个光滑的过渡曲面

进阶案例 **制作藤艺灯饰**

下面将利用NURBS工具箱中的"创建曲面上的点曲线"功能来制作藤艺灯,具体操作步骤如下:

01 在创建命令面板中单击"球体"按钮,创建一个半径200的球体,如下图所示。

02 单击鼠标右键,在弹出的快捷菜单中执行"转换为>转换为NURBS"命令,如下图所示。

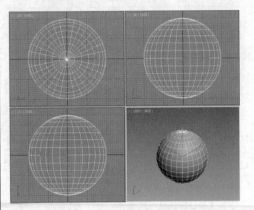

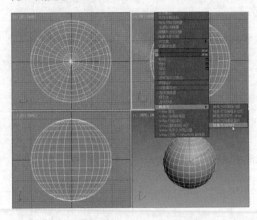

03 在"常规"卷展栏中单击NURBS创建工具箱按钮,打开NURBS工具箱,如下图所示。

04 单击"创建曲面上的点曲线"按钮,在球体表面创建曲线,造型可随意塑造,如下图所示。

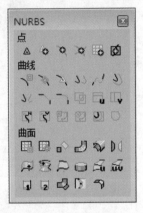

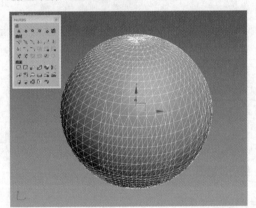

05 进入NURBS曲面的"曲线"子层级,在视口中选择曲线,曲线显示为红色,如下图所示。

06 在"曲线公用"卷展栏中单击"分离"按钮,打开"分离"对话框,取消勾选"相关"复选框,单击"确定"按钮,如下图所示。

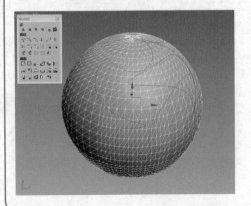

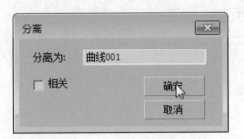

07 即可将曲线分离出来，如下图所示。

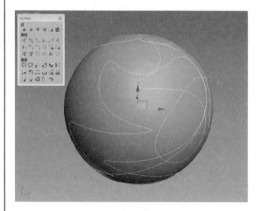

08 在"渲染"卷展栏中勾选"在渲染中启用"及"在视口中启用"复选框，设置径向厚度，渲染透视视口，效果如下图所示。

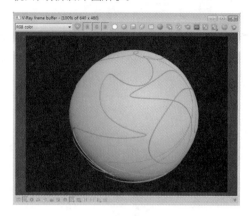

09 执行"移动并旋转"命令，按住Shift键的同时旋转复制曲线，并向各个方向进行旋转调整，再次渲染摄影及视口，效果如下图所示。

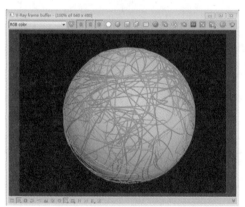

10 删除球体，如下图所示。

11 渲染摄影机视口，效果如下图所示。

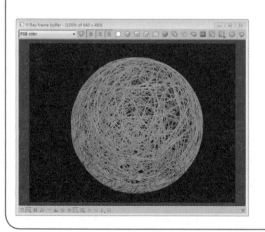

12 为了便于观察模型效果，这里我们为模型添加材质、灯光及场景。最终效果如下图所示。

4.3 创建复合对象

　　所谓复合对象，就是指利用两种或者两种以上二维图形或三维模型，复合成一种新的、比较复杂的三维造型。

　　在命令面板中选择"创建" ![] > "几何体" ![] > "复合对象" 复合对象 ![] 选项，对象类型包括：变形、散布、一致、连接、水滴网格、图形合并、布尔、地形、放样、网格化、ProBoolean（超级布尔）、ProCutter（超级切割对象），如右图所示。

　　下面将对一些最重要的创建命令进行详细介绍。

4.3.1 创建布尔对象

　　布尔是通过对两个或两个以上几何对象进行并集、差集、交集的运算，从而得到一种复合对象的方法，创建步骤如下：

步骤01 创建两个或两个以上几何对象，比如创一个圆锥体和一个圆柱体，如下图所示。

步骤02 选择一个对象，这个对象在布尔中称为操作对象A，比如我们选择圆锥体。

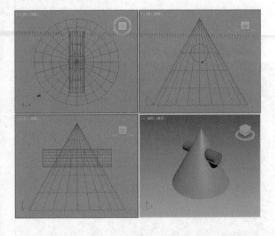

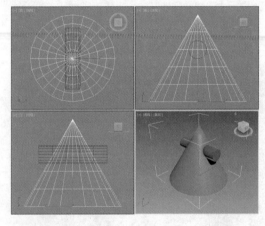

步骤03 在复合对象创建命令面板中单击"布尔"按钮，在"拾取布尔"卷展栏中，单击"拾取操作对象B"按钮，从该按钮下方选择一种拾取方式，默认为"移动"方式，在视图中单击选择操作对象B，这里选择圆柱体，如下图所示。

步骤04 单击后完成布尔操作，如下图所示。

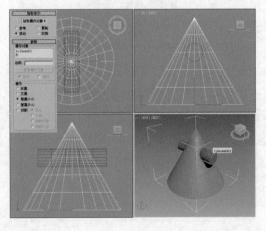

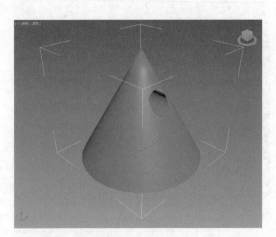

步骤05 在参数面板中可以重新设置操作方式。当设置为"差集(B-A)"时，如下图所示。

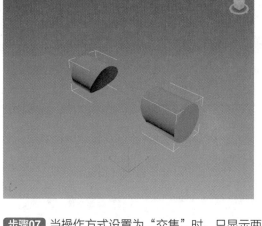

步骤06 当操作方式设置为"并集"时，两个模型合为一个整体并且统一了颜色，如下图所示。

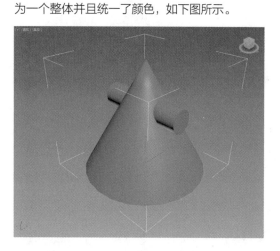

步骤07 当操作方式设置为"交集"时，只显示两个几何体的相交部分，如下图所示。

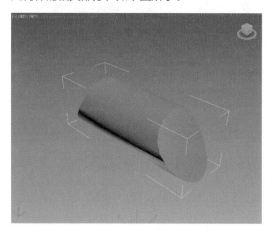

步骤08 当操作方式设置为"切割（优化）"时，如下图所示。

步骤09 当操作方式设置为"切割（移除内部）"时，如下图所示。

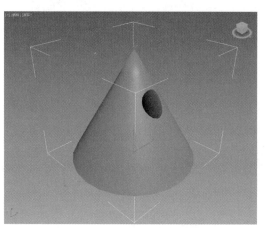

步骤10 当操作方式设置为"切割（移除外部）"时，如下图所示。

4.3.2 创建放样对象

放样是将一个二维形体对象作为沿某个路径的剖面，而形成复杂的三维对象。同一路径上可在不同的段给予不同的形体，我们可以利用放样来实现很多复杂模型的构建。下面将对放样功能的使用进行介绍：

在制作放样物体前，首先要创建放样物体的二维路径与截面图形。

步骤01 在样条线创建命令面板中单击"星形"按钮，在前视窗中创建星形，如下图所示。

步骤02 在样条线创建命令面板中单击"弧"按钮，在顶视图中绘制一条弧线，作为放样路径，如下图所示。

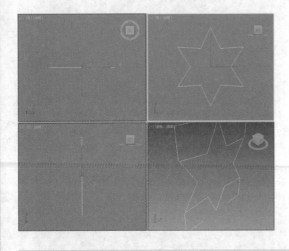

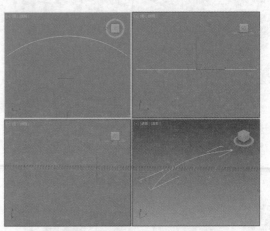

知识链接 ▶ **关于放样操作**

放样可以选择物体的截面图形后获取路径放样物体，也可通过选择路径后获取图形的方法放样物体。

步骤03 使曲线处于激活状态，在复合对象创建命令面板中单击"放样"按钮，接着在"创建方法"卷展栏中单击"获取图形"按钮，在视口中选择星形截面，如下图所示。

步骤04 完成放样操作后，查看放样效果，如下图所示。

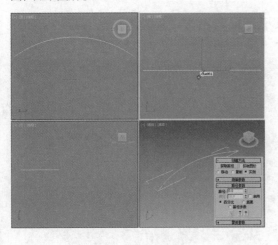

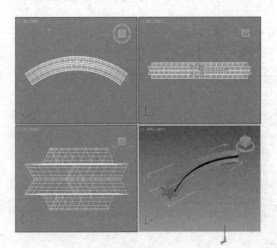

4.4 认识修改器

修改器在我们建模中扮演着相当重要的角色，几乎每个模型都会用到修改器中的命令，修改器中的命令也是最全最多的。最常见的修改命令用户必须熟练掌握，其他的了解就可以了，下面将对修改器进行详细介绍。

4.4.1 修改器的基本知识

（1）修改器命令面板的布局

修改器命令面板▨：修改器面板主要包括模型名称、模型颜色、修改堆栈、功能按钮等部分，如右图所示。

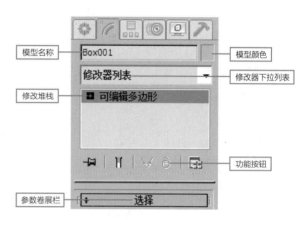

锁定堆栈▨：对物体进行修改时，选择哪个物体，在堆栈中就会显示哪个物体的修改内容，当激活此项时，会把当前物体的堆栈内容固定在堆栈表内不做改变。

显示最终结果开关▨：用于观察对象修改器的最终结果。

使独立▨：作用于实例化存在的物体，取消其间的关系。

移出修改器▨：删除当前修改器，消除其引起的更改。

配置修改器▨：单击此项会弹出修改器分类列表。

（2）修改器堆栈的基本操作

修改器堆栈是记录建模操作的重要存储区域。用户可以使用多种方式来编辑一个对象，但是不管使用哪种方式，所做的每一步操作都会记录并储存在堆栈中，因而可以返回以前的操作，继续修改对象。

（3）修改器堆栈的基本使用

利用修改器堆栈可以方便查看以前的修改操作。修改器遵循向上叠加的原理，后加上去的修改器将会叠加到原有修改器的上面。

下图为圆柱体上堆栈了两个修改器，用户可以任意选择修改器堆栈中的选项，查看并修改物体参数。也可以按住鼠标左键不放，在修改器堆栈中拖动改变修改器的顺序。不同的修改器堆栈顺序，对物体的影响将会有所不同。

（4）塌陷修改器堆栈

3ds Max中的每一个修改器使用都要占用一定的内存。在确定一个对象不再需要修改后，就可将修改器塌陷来释放部分内存。在堆栈栏中点鼠标右键选择"塌陷全部"或"塌陷到"命令即可将修改器塌陷。

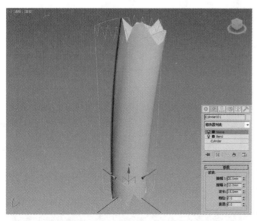
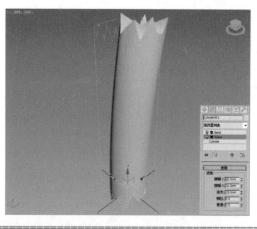

4.4.2 修改器面板的建立

在为建模施加修改命令时，有时会因为修改列表中的命令太多而一时半会找不到想要的修改命令，那么有没有一种快捷的方式，可以将平时常用的修改命令存储起来，在用的时候可以快速找到呢？3ds Max 2016提供了可以自己建立修改命令面板的功能，它通过"配置修改器集"对话框来实现。通过该对话框，用户可以在一个对象的修改器堆栈内复制、剪切和粘贴修改器，或将修改器粘贴到其他对象堆栈中，还可以给修改器取一个新名字以便记住编辑的修改器。

步骤01 单击命令面板中的"修改"按钮，再单击"配置修改器"按钮，在弹出的下拉列表中选择"显示按钮"选项，如下图所示。

步骤02 此时在修改命令面板中出现了一个默认的命令面板，如下图所示。

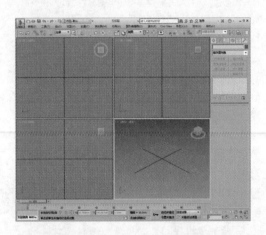

知识链接　**修改命令面板**

在修改命令面板中是系统默认的一些命令，其使用频率较小。下面将对常用的"修改"命令设置为一个面板，如挤出、车削、倒角、弯曲、锥化、晶格、编辑网格、FFD长方体等命令。

步骤03 单击"配置修改器集"按钮，在弹出的下拉菜单中选择所需要的命令，然后将其拖拽到右面的按钮上，如下图所示。

步骤04 用同样的方法将所需要的命令拖拽至右侧，按钮的个数也可以设置，设置完成后保存该命令面板，如下图所示。

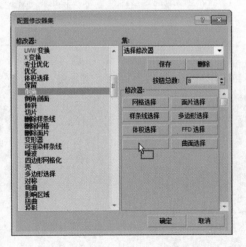

修改命令面板建立完成，用户操作时就可以直接单击命令面板上的相应按钮。一个专业的设计师或绘图员，都设置一个自己常用的命令面板，这样会直观、方便地找到所需要的修改命令。

4.4.3 常用修改器命令

修改面板中的命令很多，在这里就给用户着重介绍一些常用的命令，例如挤出、车削、倒角和倒角剖面。

1. "挤出"修改器

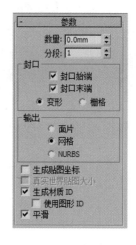

"挤出"修改器的作用是使二维图形沿着其局部坐标系的Z轴方向生长，给它增加一个厚度，还可以沿着挤出方向为它指定段数，如果二维图形是封闭的，可以指定基础的物体是否有顶面和底面。

"参数"卷展栏中各选项含义如下：

- 数量：设置物体挤出的厚度。
- 分段：设置挤出厚度上片段划分数。
- 封口始端：在顶端加面封盖物体。
- 封口末端：在底端加面封盖物体。
- 变形：用于变形动画的制作，保证点面数恒定不变。
- 栅格：对边界线进行重新排列处理，以最精简的点面数来获取优秀的模型。
- 面片：将挤出的物体输出为面片模式，就可以使用"编辑面片"修改命令编辑物体。
- 网格：将挤出物体输出为网格模型，就可以使用"编辑网格"修改命令编辑物体。
- NURBS：将基础物体输出为NURBS模型。
- 生成材质ID：对顶盖指定ID号为1，对底盖指定ID号为2，对侧面指定ID号为3。
- 使用图形ID：选择该复选框，将使用线形的材质ID。

2. "车削"修改器

"车削"修改器将一个二维图形沿一个轴向旋转一周，从而生成一个旋转体。这是非常实用的模型工具，常用来建立如高脚杯、装饰柱、花瓶以及一些对称的旋转体模型。旋转的角度可以是0-360的任何数值。

"参数"卷展栏中各选项含义如下：

- 度数：设置旋转成型的角度，360°为一个完整的环形，小于360°为不完整的扇形。
- 焊接内核：将中心轴向上重合的点进行焊接精简，以得到结构相对简单的模型，如果要作为变形物体，不能将此复选框选中。
- 翻转法线：将模型表面的法线方向反向。
- 分段：设置旋转圆周上的片段划分数，值越高，模型越平滑。
- 变形：不进行面的精简计算，不能用于变形动画的制作。
- 栅格：进行面的精简计算，不能用于变形动画的制作。
- X、Y、Z：单击不同的轴向得到不同的效果。
- 最小：将曲面内边界与中心轴对齐。
- 中心：将曲线中心与中心轴对齐。
- 最大：将曲线外边界与中心轴对齐。
- 面片：将旋转成型的物体转化为面片模型。
- 网格：将旋转成型的物体转化为网格模型。
- NURBS：将旋转成型的物体转化为NURBS曲面模型。

3."倒角"修改器

"倒角"修改器可以使线形模型增长一定的厚度形成立体模型，还可以使生成的立体模型产生一定的线形或圆形倒角。

"参数"卷展栏中各选项含义如下：

- 始端：将开始截面盖子加盖。
- 末端：将结束截面盖子加盖。
- 变形：不处理表面，以便进行变形操作，制作变形动画。
- 栅格：进行表面栅格处理，产生的渲染效果要优于变形方式。
- 线性侧面：设置倒角内部片段划分为直线方式。
- 曲线侧面：设置倒角内部片段划分为曲线方式。
- 分段：设置倒角内部的片段划分数。
- 级间平滑：对倒角进行平滑处理，但总保持顶盖不被平滑。
- 避免线相交：此复选框可以防止锐折角部位产生的突出表型
- 分离：设置两个边界线之间的距离间隔，以防止越界交叉。

"倒角值"卷展栏中各选项含义如下：

- 起始轮廓：设置原始线形的外轮廓大小。如果大于0，外轮廓加粗；如果小于0则外轮廓变细；等于0将保持原始线形不变。
- 级别1、级别2、级别3：分别设置3个级别的高度和轮廓大小。

4."倒角剖面"修改器

这是一个从倒角工具衍生出来的，要求提供一个截面路径作为倒角的轮廓线，有些类似放样命令，但是制作完成后这条剖面线不能删除，否则制作的模型会一起被删除。

"参数"卷展栏中各选项含义如下：

- 拾取剖面：在为图形指定了"倒角剖面"修改器后，单击该按钮，可在视图中选取作为倒角剖面线的图形。
- 始端：将开始端加盖子。
- 末端：将结束端加盖子。
- 变形：不处理表面，以便进行变形操作，制作变形动画。
- 栅格：进行表面栅格处理，它产生的渲染效果要优于Morph方式。
- 避免线相交：选中此复选框，可以防止尖锐折角产生的突出变形。
- 分离：设置两个边界线之间保持的距离间隔，以防止越界交叉。

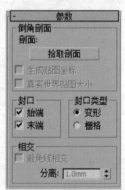

进阶案例 **制作书本模型**

在本案例中将利用本小节学习的修改器知识以及前面学习的样条线知识来制作一个书本模型，通过训练可以深入了解这几种常用修改器的使用方法。

01 使用"矩形"工具，在前视图中绘制190×40的矩形，如下图所示。

02 将矩形转换为可编辑样条线，进入"顶点"子层级，选择如下图所示的顶点。

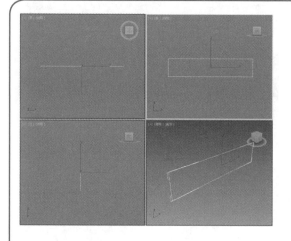

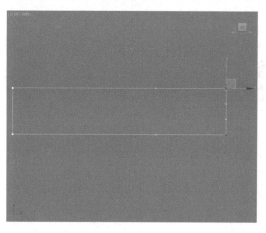

03 单击调整Bezier角点的控制柄，改变样条线形状，如下图所示。

04 退出子层级选择，复制样条线，如下图所示。

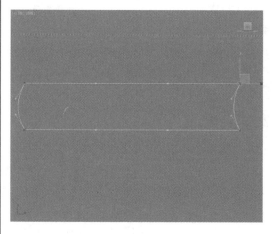

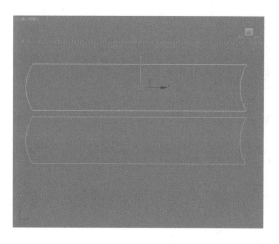

05 选择下方的样条线并为其添加挤出修改器，设置挤出值为250，如下图所示。

06 再选择上方样条线，进入"线段"子层级，删除下图的线段。

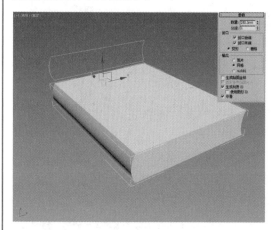

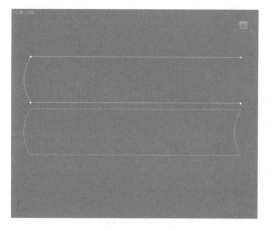

07 进入"样条线"子层级，在"几何体"卷展栏中设置轮廓值为-5，如下图所示。

08 进入"顶点"子层级，选择下图的顶点。

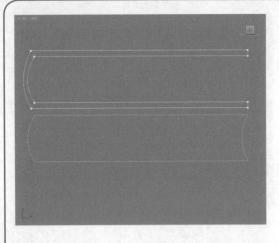

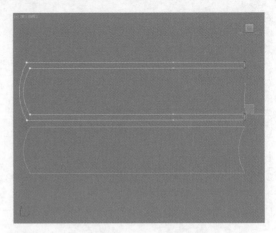

09 单击"圆角"按钮，对顶点进行圆角操作，如下图所示。

10 再调整顶点位置，效果如下图所示。

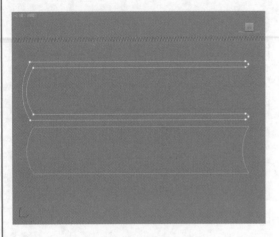

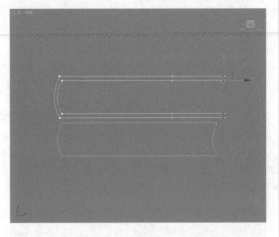

11 为图形添加倒角修改器，在"倒角值"卷展栏中设置参数，如下图所示。

12 调整模型的位置，再调整模型的颜色，完成书本模型的制作，如下图所示。

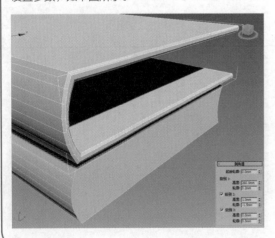

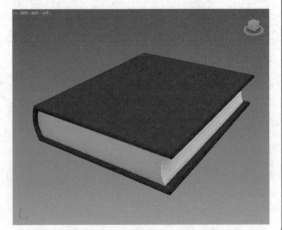

4.5 可编辑对象

可编辑对象包括"可编辑样条线"、"可编辑多边形"和"可编辑网格",都包含于修改器之中。这些命令在建模中是必不可少的,用户必须熟练掌握,下面对其进行详细介绍。

4.5.1 可编辑样条线

之前我们已经介绍了"样条线"的创建,"可编辑样条线"和"样条线"的使用方法一样,可编辑样条线是将任意的线条转换为样条线,方便对其编辑。

随意在顶视图中画一条线,然后单击"修改"按钮,打开修改命令面板,在"修改器列表"下拉列表中选择"可编辑样条线"选项即可,下面对卷展栏下的参数进行介绍:

(1)可编辑样条线(公共参数)

- 创建线:向所选对象添加更多样条线,这些线是独立的样条线子对象。
- 断开:将一个或多个顶点断开,拆分样条线。
- 附加:将其他样条线附加到当前选定的样条线对象中,生成一个整体。
- 附加多个:以列表形式将场景中其他图形附加到样条线中。
- 横截面:将一个样条线与另一个样条线顶点连接,创建一个截面。

(2)可编辑样条线(顶点层级下)

- 自动焊接:自动焊接在与同一样条线的另一个端点的阈值距离内放置和移动的端点顶点。
- 阈值:阈值距离微调器是一个近似设置,用于控制在自动焊接顶点之前,顶点可以与另一个顶点接近的程度,默认设置为6.0。
- 焊接:将两个端点顶点或同一样条线中的两个相邻顶点转化为一个顶点。
- 连接:将样条线一个端顶点与另一个端顶点连接。
- 插入:插入一个或多个顶点,以创建其他线段。
- 设为首顶点:指定所选形状中的哪个顶点是第一个顶点。
- 熔合:将所有选定顶点移至它们的平均中心位置。
- "熔合"不会连接顶点:它只是将它们移至同一位置。
- 相交:在样条线相交处插入顶点。
- 圆角:允许您在线段会合的地方设置圆角,添加新的控制点。
- 切角:允许您使用"切角"功能设置形状角部的倒角。
- 隐藏:隐藏所选顶点和任何相连的线段。
- 全部取消隐藏:显示任何隐藏的子对象。
- 删除:删除所选的一个或多个顶点,以及与每个要删除的顶点相连的那条线段。

(3)可编辑样条线(线段层级下)

- 删除:删除当前形状中任何选定的线段。
- 拆分:将线段以顶点数来拆分。
- 分离:将线段分离。

知识链接 ▶ **关于分离的深入介绍**

"当"、"同一图形":表示使分离的线段保留为形状的一部分(而不是生成一个新形状)。
"重定向":用于将分离出的线段复制并重新定位,并使其与当前活动栅格的原点对齐。
"复制":表示复制分离线段,而不是移动它。

（4）可编辑样条线（样条线层级下）

- 反转：用于反转所选样条线的方向。如果样条线是开口的，第一个顶点将切换为该样条线的另一端。
- 轮廓：用于将样条线偏移以生成轮廓，如果样条线是单根时，生成的轮廓是闭合的。
- 布尔：将一个样条线与第二个样条线进行布尔操作，将两个闭合多边形组合在一起。
- 镜像：用于沿长、宽或对角方向镜像样条线。
- 修剪：将样条线相交重叠部分修剪，使端点接合在一个点上。
- 延伸：将开口的样条线末端延伸至另一条相交的样条线上，如果没有相交样条线，则不进行任何处理。
- 关闭：将所选样条线的端点顶点与新线段相连，来闭合该样条线。
- 炸开：将每个线段转化为一个独立的样条线或对象。这与样条线的线段使用"分离"的效果相同，但更节约时间。

知识链接 关于布尔的深入介绍

并集：表示将两个重叠样条线组合成一个样条线，重叠的部分被删除。

差集：表示从第一个样条线中减去与第二个样条线重叠的部分，并删除第二个样条线中剩余的部分。

相交：表示取两个样条线的重叠部分。

4.5.2 可编辑多边形

可编辑多边形是后来发展起来的一种多边形建模技术，多边形物体也是一种网格物体，面板中的参数和"编辑网格"参数接近，但很多地方超过了"编辑网格"，使用可编辑多边形建模更方便。

多边形建模是由点构成边，由边构成多边形，通过多边形组合就可以制作成用户所要求的造型。如果模型中所有的面都至少与其他3个面共享一条边，该模型就是闭合的。如果模型中包含不与其他面共享边的面，该模型是开放的。下面是对可编辑多边形知识的介绍。

1. 将对象转换为多边形对象的方法

- 右击物体或右击修改堆栈，在快捷菜单中选择"转换为可编辑多边形"命令。
- 添加"编辑多边形"修改器。

2. 子物体

- 顶点：是最小的子物体单元，它的变动将直接影响与之相连的网格线，进而影响整个物体的表面形态。
- 边：三维物体上关键位置上的边是很重要的子物体元素。
- 边界：是一些比较特殊的边，是指独立非闭合曲面的边缘或删除多边形产生的孔洞边缘；边框总是由仅在一侧带有面的边组成，并总是为完整循环。
- 多边形：是由三条或多条首尾相连的边构成的最小单位的曲面。在"可编辑多边形"中多边形物体可以是三角、四边网格，也可是更多边的网格，这一点与"可编辑网格"不同。
- 元素：可编辑多边形中每个独立的曲面。

知识链接 关于边界的介绍

通过编辑边界命令可在开放表面的缺口处进行编辑造型，但是不能单击边框中的边，因为单击边框中的一个边会选择整个边框；可以在"编辑多边形"中，通过应用补洞修改器将边框封口；也可以使用连接复合对象命令，连接对象之间的边界。

3. 常用参数介绍

（1）编辑多边形模式栏：

- 模型：使用"编辑多边形"功能建模。在"模型"模式下，不能设置操作的动画。
- 动画：使用"编辑多边形"功能设置动画。

（2）选择栏：设置可编辑多边形子对象的选择方式。

- 使用堆栈选择：启用时，自动使用在堆栈中向上传递的任何现有子对象选择，并禁止手动更改选择。
- 按角度：启用时，如果选择一个多边形，会基于复选框右侧的角度设置选择相邻多边形。此值确定将选择的相邻多边形之间的最大角度。仅在"多边形"子对象层级可用。
- 收缩：取消选择最外部的子对象，对当前子物体的选择集进行收缩以减小选择区域。
- 扩大：对当前子物体的选择集向外围扩展以增大选择区域（对于此功能，边框被认为是边选择）。
- 环形：选择与选定边平行的所有边（仅适用边和边框）。
- 循环：选择与选定边方向一致且相连的所有边（仅适用边和边框，并只通过四个方向的交点传播）。

（3）编辑顶点栏：子对象为顶点时，出现"编辑顶点"卷展栏，可对选中的顶点进行编辑。

- 移除：将所选择的节点去除（快捷键BACKSPACE）。
- 断开：在选择点的位置创建更多的顶点，每个多边形在选择点的位置有独立的顶点。
- 挤出：对选择的点进行挤出操作，移动鼠标时创建出新的多边形表面。
- 切角：将选取的顶点切角。
- 焊接：对"焊接"对话框中指定的范围之内连续、选中的顶点，进行合并。所有边都会与产生的单个顶点连接。
- 目标焊接：选择一个顶点，将它焊接到目标顶点。
- 连接：在选中的顶点之间创建新的边。
- 移除孤立顶点：将所有孤立点去除。
- 移除未使用的贴图顶点：将不能用于贴图的顶点去除。
- 重复上一个：重复最近使用的命令。
- 创建：可将顶点添加到单个选定的多边形对象上。
- 塌陷：将选定的连续顶点组进行塌陷，将它们焊接为选择中心的单个顶点。

（4）编辑边栏：子对象为边时，出现"编辑边"卷展栏。

- 分割：沿选择的边将网格分离。
- 插入顶点：在可见边上插入点将边进行细分。
- 创建图形：根据选择一条或多条边创建新的曲线。
- 编辑三角剖分：四边形内部边重新划分。
- 连接：在每对选定边之间创建新边，只能连接同一多边形上的边，不会让新的边交叉（如选择四边形四个边，则只连接相邻边，生成菱形图案）。
- 旋转：通过单击对角线修改多边形细分为三角形的方式，在指定时间，每条对角线只有两个可用的位置。连续单击某条对角线两次时，可恢复到原始的位置处。通过更改临近对角线的位置，会为对角线提供另一个不同位置。
- 切割和切片：使用这些类似小刀的工具，可以沿着平面（切片）或在特定区域（切割）内细分多边形网格。
- 网格平滑：与"网格平滑"修改器中的划分功能相似。

（5）编辑边界栏：子对象为边界时，出现"编辑边界"卷展栏。

- 封口：使用单个多边形封住整个边界环。

知识链接 "移除"功能与Delete键的区别

"移除"功能与Delete键不同：Delete键是删除所选点的同时删除点所在的面；"移除"功能不会删除点所在的面，但可能会对物体的外形产生影响（可能导致网格形状变化并生成非平面的多边形）。

- 桥：使用多边形的"桥"连接对象的两个边界。

（6）编辑多边形栏：子对象为多边形时，出现"编辑多边形"卷展栏。

- 挤出：适用于点、边、边框、多边形等子物体直接在视口中操纵时，可以执行手动挤出操作；单击"挤出"后的按钮，精确设置挤出选定多个多边形时，如果拖动任何一个多边形，将会均匀地挤出所有的选定多边形。
- 轮廓：用于增加或减小选定多边形的外边。执行挤出或倒角，可用"轮廓"调整挤出面的大小。
- 倒角：对选择的多边形进行挤压或轮廓处理。
- 翻转：反转多边形的法线方向。

（7）编辑几何体栏：提供了许多编辑可编辑多边形的工具。只有为子物体为顶点、边或边界时，才能使用"切片平面"和"快速切片"进行切片处理。

（8）多边形属性栏：设置选中多边形或元素使用的材质ID和平滑组号。

（9）细分曲面栏：设置可编辑多边形使用的平滑方式和平滑效果。

（10）软选择栏：控制当前子对象对周围子对象的影响程度。

（11）绘制变形栏：对象层级可影响选定对象中的所有顶点，子对象层级，仅影响选定顶点。

4.5.3 可编辑网格

"可编辑网格"与"可编辑多边形"有些相似，但是它具有更多"可编辑多边形"不具有的命令与功能。创建了几何模型后，如果需要对几何物体进行细节的修改和调整处理，就必须对几何物体进行编辑，才能生成所需要的复杂形体。几何物体模型的结构是由点、线和面三要素构成的，点确定线，线组成面，面构成物体。要对物体进行编辑，必须将几何物体转换为由可编辑的点、线、面组成的网格物体。通常将可编辑的点、线、面称为网格物体的次对象。

1. 认识可编辑网格

一个网格模型由点、线、面、元素等组成。"编辑网格"包括许多工具，可对物体的各组成部分进行修改。

四种功能：转换（将其他类型的物体转换为网格体）、编辑（编辑物体的各元素）、表面编辑（设置材质ID、平滑群组）、选择集（将"编辑网格"工具设在选择集上、将次选择集传送到上层修改）。

2. 将模型转换为可编辑网格的方法

方法1：将对象转换为可编辑网格：右击物体，在快捷菜单中选择"转换为可编辑网格体"命令，失去建立历史和修改堆栈，面板同"编辑网格"一样。

方法2：使用编辑网格编辑修改器：在修改列表中选择"编辑网格"选项，可进行各种次物体修改，不会失去底层修改历史。

"编辑网格"命令与"可编辑网格"对象的所有功能相匹配，只是不能在"编辑网格"设置子对象动画；为物体添加"编辑网格"修改器后，物体创建时的参数仍然保留，可在修改器中修改它的参数；而将其塌陷成可编辑网格后，对象的修改器堆栈将被塌陷，即在此之前对象的创建参数和使用的其他修改器将不再存在，直接转变为最后的操作结果。

3. 修改模式

（1）顶点：物体最基本的层级，移动时会影响它所在的面。

（2）边：连接两个节点的可见或不可见的一条线，是面的基本层级，两个面可共享一条边。

（3）面：由3条边构成的三角形面。

（4）多边形：由4条边构成的面。

（5）元素：网格物体中以组为单位的连续的面构成元素。是一个物体内部的一组面，它的分割依据来源于是否有点或边相连。独立的一组面，即可作为元素。

知识链接 子物体层级选择的3种方法

方法1：添加"可编辑网格"修改器，在修改器堆栈中，单击"编辑网格"前面的加号，选取相应的子物体名称，子物体将以黄色高亮显示。

方法2：添加"可编辑网格"修改器后，在"选择"卷展栏中单击相应的按钮进入相应的子物体的选择方式。

方法3：添加"网格选择"修改器或"体积选择"修改器。

进阶案例 创建餐桌餐椅模型

通过对本章内容的学习，用户对建模不再那么陌生与迷茫了，下面将综合高级建模所学的知识，创建餐桌餐椅模型。

01 单击"创建>几何体>长方体"按钮，在前视图中创建一个500×400×100长方体，分段为2×2×1，作为椅子的靠背，如下图所示。

02 确认长方体处于选择状态，在视图中单击鼠标右键，在弹出的快捷菜单中选择"转换为>转换为可编辑多边形"命令，将长方体转化为可编辑多边形，如下图所示。

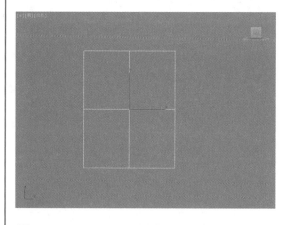

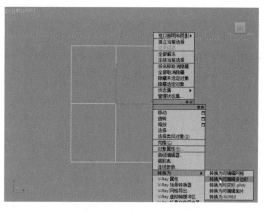

03 按4键，进入"多边形"子物体层级，在透视图中选择侧面的两个面，如下图所示。

04 单击"挤出"右面的按钮，弹出数值框，设置挤出高度为50，选择的面挤出，如下图所示。

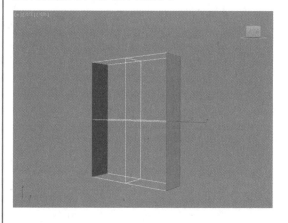

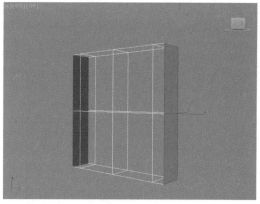

05 用同样的方法将椅子的靠背上下面挤出，如下图所示。

06 为了使椅子靠背的下方增加分段数，要挤出两次，第二次挤出的值要大些，在80~100之间即可，它是决定椅子底座厚度的数值，如下图所示。

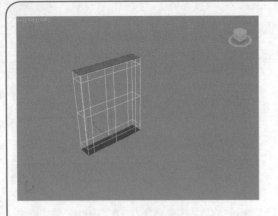

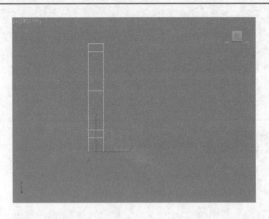

07 在透视图中选择底下侧面的面进行挤出，第一次50，第二次500，第三次50，如下图所示。

08 椅子靠背及坐垫完成了，下面将对它进行圆滑。在修改面板中勾选"细分曲面"卷展栏下的"使用NURMS细分"复选框，修改"迭代次数"值为1，如下图所示。

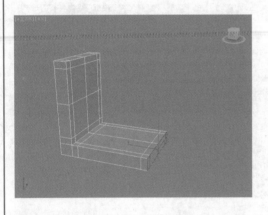

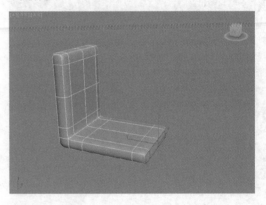

09 按1键，进入"顶点"子物体层级，在前视图中选择椅子靠背中间的顶点，用移动和缩放工具调整椅子的形态，如下图所示。

10 在修改面板中激活"多边形"子物体层级，在左视图中选择椅子座下面的面，按Delete键，将其删除，如下图所示。

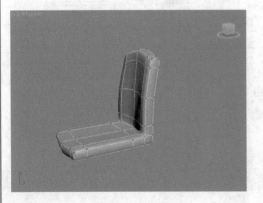

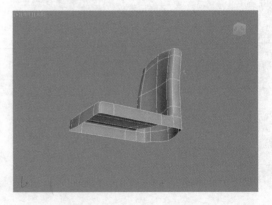

11 在顶视图中创建一个50×50×50的长方体，将长方体转化为可编辑多边形，如下图所示。

12 按4键，进入"多边形"子物体层级，在透视图中选择下面的面，如下图所示。

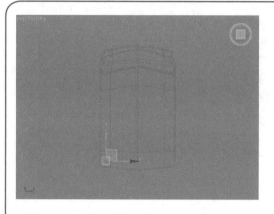

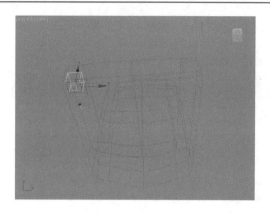

13 再单击"倒角"右面的按钮，打开数值框，设置"高度"为50，"轮廓数量"为-1，连续单击加号按钮10次，调整好位置，如下图所示。

14 在修改器列表中选择"弯曲"选项，设置"角度"为12，"方向"为150，如下图所示。

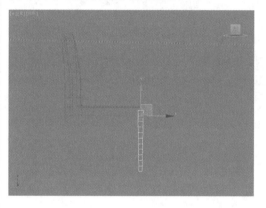

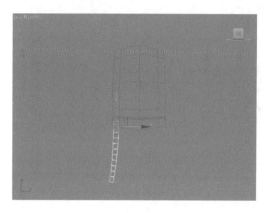

15 用工具栏中的镜像命令将其他的3条腿制作出来，效果如下图所示。餐椅的造型已经制作出来了，下面制作餐桌的造型。

16 在顶视图中创建一个800×1600×40的长方体，段数分别设置3×3×1，作为餐桌，如下图所示。

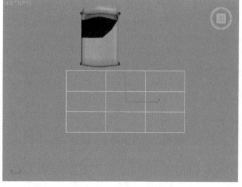

17 将长方体转变为可编辑的多边形，按1键，进入"顶点"子物体层级，在顶视图中调整顶点的位置，如下图所示。

18 进入"多边形"子物体层级，在透视图中选择下面四个角的面，执行"挤出"命令，数量为660，如下图所示。

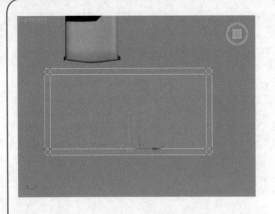

19 创建餐桌上的布时，用线绘制出截面，如下图所示。

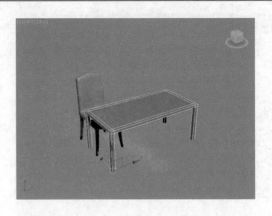

20 执行"挤出"命令，数值为300，如下图所示。

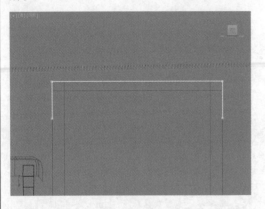

21 将餐椅成一个组，用复制和镜像命令制作出另外的五把餐椅，效果如下图所示。

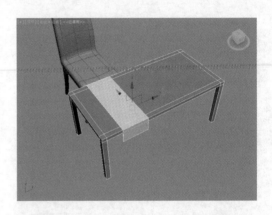

22 餐桌餐椅的最终效果如下图所示。

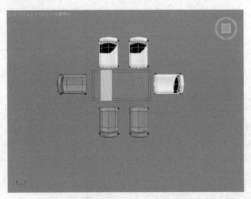

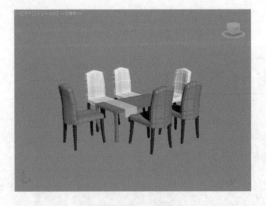

　　通过制作餐桌餐椅造型，用户可以熟悉将创建的长方体转化为"可编辑多边形"的操作，以及结合一些其他命令制作出餐桌餐椅的造型。用户可以在此基础上再多练习建模，以便更好地掌握建模的操作要领。

课后练习

一. 选择题

1. 在3ds Max中，工作的第一步就是要创建（　　）。

A. 类　　　　　　　　　B. 面板

C. 对象　　　　　　　　D. 事件

2. 3ds Max的工作界面的主要特点是在界面上以（　　）的形式表示各个常用功能。

A. 图形　　　　　　　　B. 按钮

C. 图形按钮　　　　　　D. 以上说法都不确切

3. 在3ds Max中，（　　）是用来切换各个模块的区域。

A. 视图　　　　　　　　B. 工具栏

C. 命令面板　　　　　　D. 标题栏

4. （　　）是对视图进行显示操作的按钮区域。

A. 视图　　　　　　　　B. 工具栏

C. 视图导航　　　　　　D. 命令面板

5. （　　）是用于在数量非常多的对象类型场景中选取需要的对象类型，排除不必要的麻烦。

A. 选取操作　　　　　　B. 选取范围控制

C. 选择过滤器　　　　　D. 移动对象

二. 填空题

1. Splines样条线共有_____种类型。

2. 面片的类型有_____和_____。

3. 编辑修改器产生的结果与_____相关。

4. 噪波修改器的作用是_____。

5. 编辑样条曲线的过程中，只有进入了_____次物体级别，才可能使用轮廓线命令。若要将生成的轮廓线与原曲线拆分为两个二维图形，应使用_____命令。

三. 操作题

用户课后可以综合运用多种建模方法创建床模型，参考图片如下。

05

材质与贴图技术

材质是描述对象如何反射或透射灯光的属性。在材质中，贴图可以模拟纹理、应用设计、反射、折射和其他效果。本章将对材质编辑器、材质的类型、贴图的知识进行深入介绍，使读者熟练地掌握其设置方法。

知识要点

① 材质编辑器
② 标准材质和VRay材质
③ 2D贴图
④ 3D贴图

上机安排

学习内容	学习时间
● VRay材质的应用	25分钟
● 制作闹钟材质	20分钟
● 贴图的应用	15分钟
● 为场景赋予材质	30分钟

5.1 认识材质

材质是3ds Max中非常重要的一个部分，模型建好后，需要为模型设置相应的材质，使模型展现出应有的质地，让画面的效果更加真实，质感更加准确。

5.1.1 什么是标准材质

标准材质是3ds Max中默认自带的材质类型，也是最为基础、常用的材质类型。在3ds Max中安装其他插件，比如VRay后，会出现VRay的相关材质，本章先对标准材质进行介绍，后对VRay材质进行介绍。

5.1.2 标准材质类型

3ds Max 2016的标准材质有15种，分别是Ink'n Paint、光线跟踪、双面、变形器、合成、壳材质、外部参照材质、多维/子对象、建筑、无光/投影、标准、混合、虫漆、顶/底和高级照明覆盖，如右图所示。

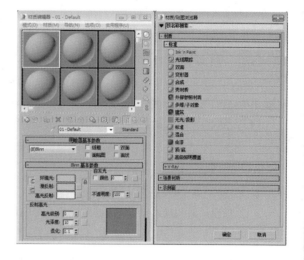

其中，各材质的简单介绍如下：

● Ink'n Paint：通常用于制作卡通效果。

● 光线跟踪：可以创建真实的反射和折射效果，用于创建雾、颜色浓度、半透明和荧光等效果。

● 双面：可以为物体内外或正反表面分别指定两种不同的材质，如纸牌和杯子等。

● 变形器：配合"变形器"修改器一起使用，能够产生材质融合的变形动画效果。

● 合成：用于将多个不同材质叠加在一起，常制作动物和人体皮肤、生锈的金属和岩石等材质效果。

● 壳材质：配合"渲染到贴图"命令一起使用，可将"渲染到贴图"命令产生的贴图贴回物体。

● 外部参照材质：参考外部对象或参考场景相关运用资料。

● 多维/子对象：将多个子材质应用到单个对象的子对象。

● 建筑：主要用于表现建筑外观的材质。

● 无光/投影：主要作用是隐藏场景中的物体，渲染时也观察不到，不会对背景进行遮挡，但可遮挡其他物体，并且能产生自身投影和接受投影的效果。

● 标准：系统默认的材质，是最常用的材质。

● 混合：将两个不同的材质融合在一起，根据融合度的不同来控制两种材质的显示程度。

● 虫漆：用来控制两种材质混合的数量比例。

● 顶/底：为一个物体指定顶端和底端的材质，中间交互处可以产生过渡效果。

● 高级照明覆盖：配合光能传递使用的一种材质，能控制光能传递和物体之间的反射比。

5.2 VRay材质

VRay材质是3ds Max中应用最为广泛的材质类型，功能强大，参数简单，最适合用来制作带有反射或折射的材质，表现效果细腻真实，具有其他材质难以达到的效果。

5.2.1 VRay材质类型

VRay材质的类型非常多，多达几十种。常用的类型有VRay-Mtl-材质、VR-灯光材质等。在材质编辑器中单击Standard按钮，在弹出的"材质/贴图浏览器"对话框中展开V-Ray卷展栏，可以看到所有的VRay材质类型，如右图所示。

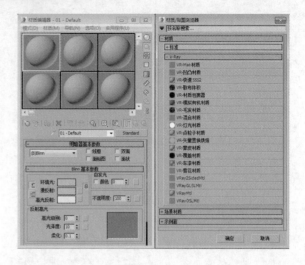

5.2.2 Vray-Mtl-材质

VRay-Mtl-材质是目前应用最为广泛的材质类型，该材质可以模拟超级真实的反射和折射等效果，因此深受用户喜爱。该材质也是本章最为重要的知识点，需要读者熟练掌握。

展开下图的"基本参数"卷展栏，从中可以看到很多参数选项，在此将对各参数的用途和含义进行简单介绍：

1."漫反射"选项组

- 漫反射：控制材质的固有色。
- 粗糙度：数值越大，粗糙效果越明显，可以用该参数来模拟绒布的效果。

2."反射"选项组

- 反射：反射颜色控制反射强度，颜色越深反射越弱，颜色越浅反射越强。
- 高光光泽度：控制材质的高光大小，默认情况下和反射光泽度一起关联控制，可以通过单击旁边的解锁按钮来解除锁定，从而可以单独调整高光的大小。
- 反射光泽度：该参数可以产生反射模糊的效果，数值越小反射模糊效果越强烈。
- 细分：用来控制反射的品质，数值框中的数值越大效果越好，但渲染速度越慢。
- 使用插值：当勾选该复选框时，VRay能够使用类似于发光贴图的缓存方式来加快反射模糊的计算。
- 暗淡距离：该参数用来控制暗淡距离的数值。
- 影响通道：该参数用来控制是否影响通道。
- 菲涅耳反射：勾选该复选框后，反射强度减小。
- 菲涅耳折射率：在菲涅耳反射中，菲涅耳现象的强弱衰减率可以用该参数来调节。
- 最大深度：是指反射的次数，数值越高效果越真实，但渲染时间也越长。
- 退出颜色：当物体的反射次数达到最大次数时就会停止计算反射，这是由于反射次数不够造成的，反射区域的颜色就用退出色来代替。
- 暗淡衰减：该参数用来控制暗淡衰减的数值。

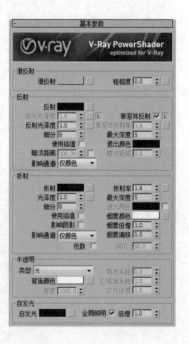

3."折射"选项组

- 折射：通过颜色控制折射的强度，颜色越深折射越弱，颜色越浅折射越强。
- 光泽度：控制折射的模糊效果，数值越小，模糊程度越明显。
- 细分：控制折射的精细程度。
- 使用插值：当勾选该复选框时，VRay能够使用类似发光贴图的缓存方式来加快光泽度的计算。
- 影响阴影：该复选框用于控制透明物体产生的阴影。
- 影响通道：该参数用于控制是否影响通道效果。
- 色散：该复选框控制是否使用色散。
- 折射率：设置物体的折射率。
- 最大深度：该参数用于控制反射的最大深度数值。
- 退出颜色：该参数用于控制退出的颜色。
- 烟雾颜色：该参数用于控制折射物体的颜色。
- 烟雾倍增：可以理解为烟雾的浓度，数值越大雾越浓，光线穿透物体的能力越差。
- 烟雾偏移：控制烟雾的偏移，较低的值会使烟雾向摄影机的方向偏移。

4."半透明"选项组

- 类型：半透明效果的类型有三种，分别为硬（蜡）模型、软（水）模型和混合模型。
- 背面颜色：用来控制半透明效果的颜色。
- 厚度：用来控制光线在物体内部被追踪的深度，也可以理解为光线的最大穿透能力。
- 散布系数：物体内部的散射总量。
- 灯光倍增：设置光线穿透能力的倍增值，值越大，散射效果越强。

5."自发光"选项组

- 自发光：该参数用于控制发光的颜色。
- 全局照明：该复选框用于控制是否开启全局照明。
- 倍增：该参数用于控制自发光的强度。

进阶案例 为闹钟添加金属材质

本案例将介绍如何为闹钟模型添加材质效果，其中包括不锈钢、玻璃等材质，具体的操作步骤介绍如下：

01 打开素材模型，如右图所示。

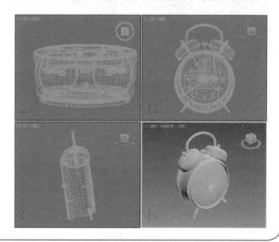

02 按M键打开材质编辑器，选择一个空白材质球，设置材质类型为VRayMtl，将其命名为"玻璃"，设置漫反射颜色和折射颜色为白色，再设置折射参数，如右图所示。

03 将制作的玻璃材质指定给闹钟模型，如下左图所示。

04 选择一个空白材质球，设置材质类型为VRay Mtl，命名为"金属"，设置漫反射颜色为黑色，再为反射通道添加衰减贴图，设置反射细分值，取消勾选"菲涅耳反射"复选框，在"衰减参数"卷展栏中设置衰减颜色及衰减类型，如下右图所示。

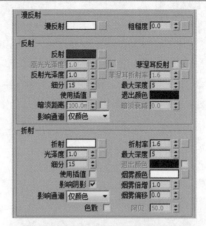

05 将创建的金属材质指定给闹钟模型的外壳，如下图所示。

06 再制作黑白两种材质，制定给指针、数字和底面，完成材质的制作，最终渲染效果如下图所示。

5.2.3 VR-灯光材质

VR-灯光材质可以模拟物体发光发亮的效果，常用来制作顶棚灯、霓虹灯、火焰等材质。展开"参数"卷展栏，如下图所示，在此将对其基本参数进行介绍：

- 颜色：控制自发光的颜色，后面的数值框用来设置自发光的强度。
- 不透明度：可以在后面的通道中加载贴图。
- 背面发光：勾选该复选框，物体会双面发光。
- 补偿摄影机曝光：控制相机曝光补偿的数值。
- 倍增颜色的不透明度：勾选该复选框后，将按照控制不透明度与颜色相乘。

5.2.4 VR-覆盖材质

　　VR-覆盖材质可以让用户更加广泛地控制场景的色彩融合、反射和折射等。主要包括5个材质通道，分别是"基本材质"、"全局照明材质"、"反射材质"、"折射材质"和"阴影材质"，参数面板如右图所示。其中，各参数的含义介绍如下：

- 基本材质：该材质是物体的基础材质。
- 全局照明材质：该材质是物体的全局光材质，当使用这个参数的时候，灯光的反弹将依照该材质的灰度来进行控制，而不是基础材质。
- 反射材质：物体的反射材质，即在反射里看到的物体的材质。
- 折射材质：物体的折射材质，即在折射里看到的物体的材质。
- 阴影材质：基本材质的阴影若使用该参数中的材质来进行控制时，基本材质的阴影将无效。

5.2.5 VR-材质包裹器材质

　　VR-材质包裹器材质主要用来控制材质的全局光照、焦散和物体的不可见等特殊属性。通过材质包裹器的设定，我们可以控制所有赋予该材质物体的全局光照、焦散和不可见等属性，参数面板如右图所示。

　　其中，各基本参数的含义介绍如下：

- 基本材质：用来设置基础材质参数，此材质必须是VRay渲染器支持的材质类型。
- 附加曲面属性：该选项组中的参数主要用来控制赋予材质包裹器物体的接收，生成全局照明属性和接收、生成焦散属性。
- 无光属性：目前VRay还没有独立的"不可见阴影"材质效果。
- 杂项：用来设置全局照明曲面ID的参数。

5.2.6 VR-车漆材质

　　VR-车漆材质通常用来模拟车漆材质效果，其材质包括3层，分别为基础层、雪花层、镀膜层，因此可以模拟真实的车漆层次效果，参数面板如下图所示。

　　其中，各参数的含义介绍如下：

- 基础颜色：用于控制基础层的漫反射颜色。
- 基础反射：用于控制基础层的反射率。
- 基础光泽度：用于控制基础层的反射光泽度。
- 基础跟踪反射：取消勾选该复选框时，基础层仅产生镜面高光，而没有反射光泽度。

- 雪花颜色：用于设置金属雪花的颜色。
- 雪花光泽度：用于设置金属雪花的光泽度。
- 雪花方向：用于控制雪花与建模表面法线的相对方向。
- 雪花密度：用于设置固定区域中的密度。
- 雪花比例：用于设置雪花结构的整体比例。
- 雪花大小：用于控制雪花的颗粒大小。
- 雪花种子：用于设置产生雪花的随机种子数量，使雪花结构产生不同的随机分布。
- 雪花过滤：在下拉列表中选择以何种方式对雪花进行过滤。
- 雪花贴图大小：用于指定雪花贴图的大小、
- 雪花贴图类型：用于指定雪花贴图的方式。
- 雪花贴图通道：当贴图类型是精确UVW通道时，薄片贴图所使用的贴图通道。
- 雪花跟踪反射：当取消勾选该复选框时，基础层仅产生镜面高光，而没有真实的反射。
- 镀膜颜色：用于设置镀膜层的颜色。
- 镀膜强度：用于设置直视建模表面时，镀膜层的反射率。
- 镀膜光泽度：用于设置镀膜层的光泽度。
- 镀膜跟踪反射：当取消勾选该复选框时，基础层仅产生镜面高光，而没有真实的反射。
- 跟踪反射：取消勾选该复选框时，来各个不同层的漫反射将不进行光线跟踪。
- 双面：选中时，材质是双面的。
- 中止阈值：该参数决定各个不同层计算反射时的中止极限值。
- 环境优先级：指定该材质的环境覆盖贴图的优先权。

进阶案例 为躺椅添加皮质材质

本案例将为躺椅模型创建皮质材质以及不锈钢材质，操作步骤如下：

01 打开模型，如下图所示。

02 按M键打开材质编辑器，选择一个空白材质球，设为VRayMtl材质，设置漫反射颜色及反射颜色，并设置反射参数及折射细分值，如下图所示。

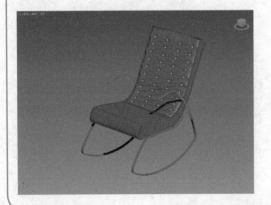

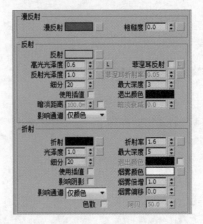

03 漫反射颜色及反射颜色设置如下图所示。

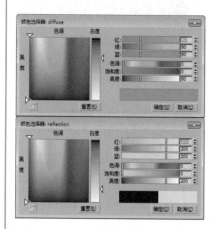

04 设置好的不锈钢材质效果如下图所示。

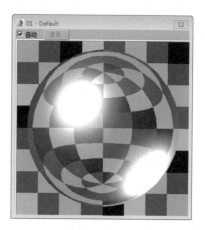

05 选择一个空白材质球，设为VRayMtl材质，设置漫反射颜色与反射颜色，设置反射参数，取消勾选"菲涅耳反射"复选框，再设置折射细分值，如下图所示。

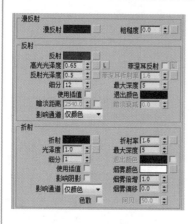

06 漫反射颜色及反射颜色设置如下图所示。

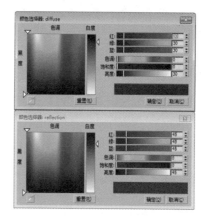

07 在"贴图"卷展栏中，为凹凸通道添加位图贴图并设置凹凸值，如下图所示。

08 创建好的皮质材质效果如下图所示。

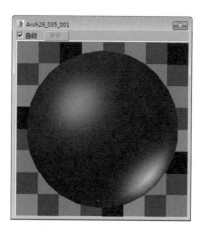

09 将创建好的材质分别制定给躺椅模型，并为躺椅
添加场景，渲染效果如右图所示。

5.3 常用贴图

贴图可以模拟纹理、反射、折射及其他特殊效果，可以在不增加材质复杂度的前提下，为材质添加细节，有效改善材质的外观和真实感。

5.3.1 位图贴图

位图贴图是所有贴图类型中最常见的贴图。通常所说的添加一张图片的意思就是指添加一个位图贴图，然后在位图贴图中加载图片。将图像以图像文件格式保存为像素阵列，如.tif等格式。3ds Max支持的任何位图（或动画）文件类型可以用作材质中的位图，右图为位图贴图的主要参数卷展栏，其中主要参数的含义介绍如下：

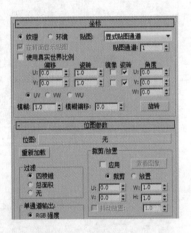

- 偏移：用来控制贴图的偏移效果。
- 瓷砖：用来控制贴图平铺重复的程度。
- 角度：用来控制贴图的旋转角度。
- 模糊：用来控制贴图的模糊程度，数值越大贴图越模糊，渲染速度越快。
- 裁剪/放置：该选项组用于控制贴图的应用区域。

5.3.2 衰减贴图

衰减贴图是基于几何曲面上法线的角度衰减生成从白色到黑色的值。在创建不透明的衰减效果时，衰减贴图提供了更大的灵活性，参数面板如右图所示，其中主要参数的含义介绍如下：

- 前:侧：用来设置衰减贴图的前和侧通道参数。
- 衰减类型：设置衰减的方式，包括垂直/平行、朝向/背离、Fresnel、阴影/灯光、距离混合5种选项。
- 衰减方向：在下拉列表中选择衰减的方向。
- 对象：从场景中拾取对象并将其名称放到按钮上。

- 覆盖材质IOR：允许更改为材质所设置的折射率。
- 折射率：设置一个新的折射率。
- 近端距离：设置混合效果开始的距离。
- 远端距离：设置混合效果结束的距离。
- 外推：勾选该复选框，效果继续超出近端和远端距离。

5.3.3 渐变贴图

渐变贴图是依据上、中、下三种颜色，并通过中间颜色的位置确定三种颜色的分布，从而产生渐变的效果。参数设置面板如右图所示。

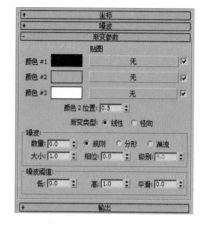

- 颜色#1-3：设置渐变在中间进行插值的三种颜色。显示颜色选择器，可以将颜色从一个色样拖放到另一个色样中。
- 贴图：显示贴图而不是颜色。贴图采用混合渐变颜色相同的方式来混合到渐变中。可以在每个窗口中添加嵌套程序以生成5色、7色、9色或更多颜色的渐变。
- 颜色2位置：控制中间颜色的中心点。
- 渐变类型：线性基于垂直位置插补颜色。

知识链接 **交换颜色**

通过将一个色样拖动到另一个色样上可以交换颜色，单击"复制或交换颜色"对话框中的"交换"按钮完成操作。若需要反转渐变的总体方向，则可交换第一种和第三种颜色。

5.3.4 平铺贴图

平铺贴图使用颜色或材质贴图创建砖或其他平铺材质。通常包括已定义的建筑砖图案，也可以自定义图案，参数设置面板如右图所示。

其中，各参数的含义介绍如下：

- 预设类型：列出定义的建筑瓷砖砌合、图案、自定义图案，用户可以通过选择"高级控制"和"堆垛布局"卷展栏中的选项来设计自定义的图案。
- 显示纹理样例：该复选框用于更新并显示贴图指定给瓷砖或砖缝的纹理。
- 平铺设置：该选项组中提供了控制平铺的参数设置。
- 纹理：控制用于瓷砖的当前纹理贴图的显示。
- 水平/垂直数：用于控制行/列的瓷砖数。
- 颜色变化：该参数用于控制瓷砖的颜色变化。
- 淡出变化：该参数用于控制瓷砖的淡出变化。
- 砖缝设置：该选项组中提供了控制砖缝的参数设置。
- 纹理：控制砖缝的当前纹理贴图的显示。
- 水平/垂直间距：控制瓷砖间的水平/垂直砖缝的大小。
- 粗糙度：控制砖缝边缘的粗糙度。

5.3.5 棋盘格贴图

棋盘格贴图可以模拟两种颜色构成的棋盘格效果，并允许贴图替换颜色。参数设置面板如右图所示，各参数的含义介绍如下：

- 柔化：用于模糊方格之间的边缘，很小的柔化值就能生成很明显的模糊效果。
- 交换：单击该按钮可交换方格的颜色。
- 颜色：用于设置方格的颜色，允许使用贴图代替颜色。
- 贴图：选择要在棋盘格颜色区内使用的贴图。

5.3.6 VRayHDRI贴图

VRayHDRI贴图是比较特殊的一种贴图，可以模拟真实的HDRI环境，常用于反射或折射较为明显的场景。参数设置面板如右图所示。各参数含义介绍如下：

- 位图：单击后面的"浏览"按钮可以指定一张HDRI贴图。
- 贴图类型：控制HDRI的贴图方式，主要分为5类。
- 成角贴图：主要用于使用了对角拉伸坐标方式的HDRI。
- 立方环境贴图：主要用于使用了立方体坐标方式的HDRI。
- 球状环境贴图：主要用于使用了球形坐标方式的HDRI。
- 球体反射：主要用于使用了镜像球形坐标方式的HDRI。
- 直接贴图通道：主要用于对单个物体指定环境贴图。
- 水平旋转：控制HDRI在水平方向上的旋转角度。
- 水平翻转：让HDRI在水平方向上翻转。
- 垂直旋转：控制HDRI在垂直方向的旋转角度。
- 垂直翻转：让HDRI在垂直方向上翻转。
- 全局倍增：用来控制HDRI的亮度。
- 渲染倍增：设置渲染时的光强度倍增。
- 插值：选择插值方式，包括双线性、双立体、四次幂和默认4种方式。

5.3.7 VR边纹理贴图

VR边纹理贴图可以模拟制作物体表面的网格颜色效果，参数面板如右图所示，主要参数含义介绍如下：

- 颜色：设置边线的颜色。
- 隐藏边：当勾选该复选框时，物体背面的边线也将被渲染出来。
- 厚度：决定边线的厚度，主要包括世界单位和像素两种。

5.3.8 VR天空贴图

VR天空贴图可以模拟浅蓝色渐变的天空效果，并且可以控制亮度，其参数面板如下图所示。

- 指定太阳节点：当不勾选该复选框时，VR天空的参数将从场景中的VR太阳的参数里自动匹配；勾选该复选框时，用户可以从场景中选择不同的光源，这种情况下，VR太阳将不再控制VR天空的效果，VR天空将用自身的参数来改变天光效果。

- 太阳光：单击该按钮可以选择太阳光源。
- 太阳浊度：该参数用于控制太阳的浑浊度。
- 太阳臭氧：该参数用于控制太阳臭氧层的厚度。
- 太阳强度倍增：该参数用于控制太阳的亮点。
- 太阳大小倍增：该参数用于控制太阳的阴影柔和度。
- 太阳过滤颜色：该参数用于控制太阳的颜色。
- 太阳不可见：该参数用于控制太阳本身是否可见。
- 天空模型：在下拉列表中选择天空的模型类型。
- 间接水平照明：该参数用于间接控制水平照明的强度。

进阶案例 为场景模型赋予材质

本案例将为一个欧式卫生间场景中的所有对象设置材质，模型中包括石材材质、亚克力材质、瓷器材质和石膏材质等，具体操作步骤如下：

01 进入显示命令面板，在"按类别隐藏"卷展栏中勾选"图形"、"灯光"及"摄影机"复选框，场景中此类物体被隐藏，便于观察场景，如下图所示。

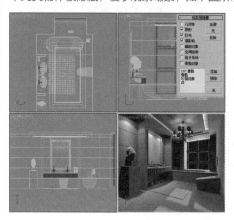

02 打开材质编辑器，创建名为"米黄洞石"的VRayMtl材质，设置反射颜色为灰色（色调：0；饱和度：0；亮度：55），设置反射参数，如下图所示。

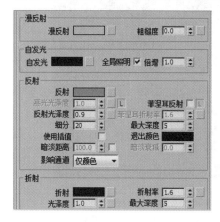

03 打开"贴图"卷展栏，为漫反射通道添加位图贴图，如下图所示。

04 将"米黄洞石"材质指定给场景中的墙体、浴缸外墙等部分，为其添加UVW贴图并设置贴图参数，如下图所示。

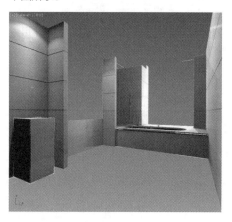

05 取消隐藏窗帘，渲染摄影机视口，可以看到添加墙体材质效果，如下图所示。

06 创建名为"白色亚克力"的VRayMtl材质球，设置漫反射颜色为白色（色调：0；饱和度：0；亮度：245），反射颜色为灰色（色调：0；饱和度：0；亮度：55），并设置反射参数，如下图所示。

07 选择场景中的马桶、浴缸等模型，将材质指定给该对象，如下图所示。

08 渲染摄影机视口，效果如下图所示。

09 创建名为"黑色瓷器"的VRayMtl材质球，设置漫反射颜色为深灰色（色调：0；饱和度：0；亮度：15），反射颜色为灰色（色调：0；饱和度：0；亮度：45），并设置反射参数，如下图所示。

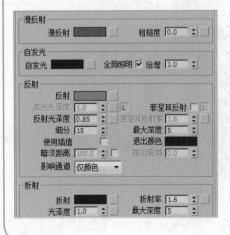

10 创建名为"白色瓷器"的VRayMtl材质球，设置漫反射颜色为白色（色调：0；饱和度：0；亮度：230），反射颜色为灰色（色调：0；饱和度：0；亮度：35），并设置反射参数，如下图所示。

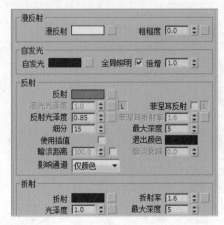

11 选择场景中花盆和花瓶等模型，将创建好的材质指定给对象，渲染摄影机视口，效果如下图所示。

12 创建名为"地砖"的VRayMtl材质球，设置反射颜色为灰色（色调：0；饱和度：0；高光：60），设置反射参数，并为漫反射通道添加位图贴图，如下图所示。

13 将"地砖"材质指定给场景中的地面对象，添加UVW贴图并设置贴图坐标尺寸，如下图所示。

14 渲染摄影视口，效果如下图所示。

15 创建名为"羊毛地毯"的VRayMtl材质球，为漫反射通道添加位图贴图，如下图所示。

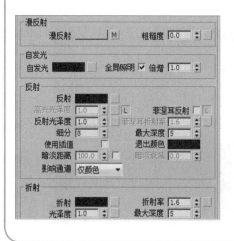

16 将"羊毛地毯"材质指定给场景中的地毯，依次为其添加"涡轮平滑"、"VRay置换模式"及"UVW贴图"，并设置UVW贴图坐标尺寸，如下图所示。

17 渲染摄影视口，效果如下图所示。

18 创建名为"雅士白"的VRayMtl材质球，设置反射颜色为灰色（色调：0；饱和度：0；高光：45），设置反射参数，并为漫反射通道添加位图贴图，如下图所示。

19 将"雅士白"材质指定给场景中的指定对象，并添加UVW贴图，如下图所示。

20 创建名为"银镜"的VRayMtl材质球，设置漫反射为灰色（色调：0；饱和度：0；高光：100），反射颜色为灰白色（色调：0；饱和度：0；高光：200），如下图所示。

21 创建名为"不锈钢"的VRayMtl材质球，设置漫反射为灰色，反射颜色为浅灰色，并设置反射参数，如下图所示。

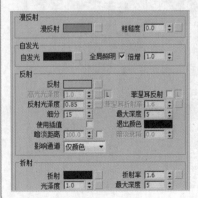

22 分别将创建的材质指定给场景中的对象，如下图所示。

23 渲染摄影视口，效果如下图所示。

25 将材质赋予到雕塑对象，渲染摄影机视口，效果如下图所示。

27 在场景中选择对象，为其赋予材质，渲染摄影机视口，效果如下图所示。

24 创建名为"石膏"的VRayMtl材质球，设置漫反射为白色（色调：0；饱和度：0；高光：250），反射颜色为浅灰色（色调：0；饱和度：0；高光：25），并设置反射参数，如下图所示。

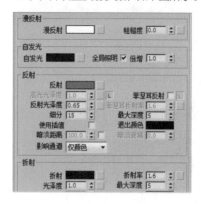

26 创建名为"窗帘"的VRayMtl材质球，设置漫反射为白色（色调：0；饱和度：0；高光：245），折射颜色为浅灰色（色调：0；饱和度：0；高光：80），如下图所示。

28 创建名为"白色乳胶漆"的VRayMtl材质球，设置漫反射为白色（色调：0；饱和度：0；高光：250），如下图所示。

29 创建名为"灯罩"的VRayMtl材质球，设置漫反射为米黄色（色调：25；饱和度：100；高光：255），反射颜色为灰色（色调：0；饱和度：0；高光：25），折射颜色为浅灰色（色调：0；饱和度：0；高光：60），并设置反射参数，如下图所示。

30 再创建名为"黄铜"的VRayMtl材质球，设置漫反射为黄色（色调：30；饱和度：120；高光：250），反射颜色为灰色（色调：0；饱和度：0；高光：20），并设置反射参数，如下图所示。

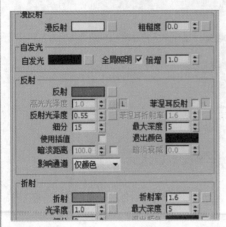

31 创建名为"室外风景"的VR灯光材质球，为其添加位图贴图并设置颜色强度值，如下图所示。

32 使用为漫反射通道添加位图贴图的方法创建盆栽花叶的材质，为场景中剩余的物体添加材质，如下图所示。

33 本案例的最终渲染效果如右图所示。

课后练习

一. 选择题

1. 金属材质的选项为（　　）。

A. Blinn
B. Phong

C. Metal
D. Multi-Layer

2. 以下不属于3ds Max标准材质中贴图通道的是（　　）。

A. Bump
B. Reflection

C. Diffuse
D. Extra light

3. 场景中镜子的反射效果，应在"材质与贴图浏览器"中选择（　　）贴图方式。

A. Bitmap（位图）
B. Flat Mirror（平面镜像）

C. Water（水）
D. Wood（木纹）

4. 透明贴图文件的（　　）表示完全透明。

A. 白色
B. 黑色

C. 灰色
D. 黑白相间

5. 在默认情况下，渐变色（Gradient）贴图的颜色有（　　）。

A. 1种
B. 2种

C. 3种
D. 4种

二. 填空题

1. "渐变"贴图的扩展性非常强，有_____和_____两种类型。

2. 用鼠标单击材质编辑器水平工具栏上的_____按钮，可以将已经设计好的材质赋予场景中所选对象。

3. _____材质是指已经出现在场景中的材质，非同步材质是指所有未使用过的材质。

4. 编辑透明材质需要在_____指导性计划栏中的opacity(不透明度)参数控制，并在_____扩展栏中设置透明的附加选项。

三. 上机题

利用本章所学知识，练习"多维/子材质"的应用，其效果如下图所示。

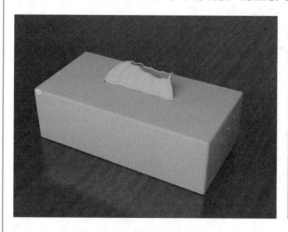 

提示　没有指定给对象或对象曲面的子材质，可以通过使用清理多维材质工具从多维子对象材质中清理出去。

Chapter

06

灯光与摄影机技术

本章将对3ds Max 2016的各种灯光系统以及摄影机的应用进行讲解，其中光度学灯光、VRay灯光以及VRay摄影机的使用是本章讲解的重点，在详细讲解参数的同时，配合小型实例讲解灯光以及摄影机在场景中的具体使用技巧和方法。

知识要点

① 光度学灯光
② 光域网的使用
③ VRay光源系统
④ 目标摄影机
⑤ VR-物理摄影机

上机安排

学习内容	学习时间
● 光域网的应用	20分钟
● 制作射灯照明效果	25分钟
● 为卫生间模型设置光源	35分钟
● VR-物理摄影机的应用	30分钟

6.1 3ds Max光源系统

3ds Max中的灯光可以模拟真实世界中的发光效果，如各种人工照明设备或太阳，也为场景中的几何体提供照明。3ds Max 2016提供了多种灯光对象，用于模拟真实世界不同种类的光源。

6.1.1 标准灯光

标准灯光是基于计算机的模拟灯光对象，该类型灯光主要包括泛光灯、聚光灯、平行光、天光以及Mental Ray常用区域灯光等多种类型。

1. 泛光灯

泛光灯从单个光源向四周投射光线，其照明原理与室内白炽灯泡相同，因此通常用于模拟场景中的点光源，下左图为泛光灯的基本照射效果。

2. 聚光灯

聚光灯包括目标聚光灯和自由聚光灯两种，照明原理都和闪光灯类似，都是投射聚集的光束，其中自由聚光灯没有目标对象，如下右图所示。

> **知识链接** ▶ **泛光灯的应用**
>
> 当泛光灯应用光线跟踪阴影时，渲染速度比聚光灯要慢，但渲染效果一致，在场景中应尽量避免这种情况。

3. 平行光

平行光包括目标平行灯和自由平行灯两种，主要用于模拟太阳在地球表面投射的光线，即以一个方向投射的平行光，下左图为平行光照射效果。

4. 天光

天光是比较特别的标准灯光类型，可以建立日光的模型，配合光跟踪器使用，下右图为天光的照射效果。

当光线到达对象的表面时，对象表面将反射这些光线，这就是对象可见的基本原理。对象的外观取决于到达它的光线以及对象材质的属性，灯光的强度、颜色、色温等属性，都会对对象的表面产生影响。

> **知识链接** ▶ **目标聚光灯或目标平行光的应用**
>
> 目标聚光灯或目标平行光的目标点与灯光的距离，对灯光的强度或衰减之间没有影响。

在标准灯光的"强度/颜色/衰减"卷展栏中，可以对灯光最基本的属性进行设置，右图为参数卷展栏，其中各参数的含义介绍如下：

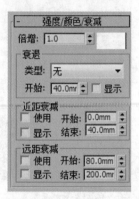

- 倍增：该参数可以将灯光功率放大一个正或负的量。
- 颜色：单击色块，可以设置灯光发射光线的颜色。
- 衰退：该选项组提供了使远处灯光强度减小的方法，包括倒数和平方反比两种方法。
- 近距衰减：该选择项组中提供了控制灯光强度淡入的参数。
- 远距衰减：该选择项组中提供了控制灯光强度淡出的参数。

6.1.2 光度学灯光

光度学灯光使用光度学（光能）值，可以更精确地定义和控制灯光，用户可以通过光度学灯光创建具有真实世界中灯光规格的照明对象，而且可以导入照明制造商提供的特定光度学文件。

1. 目标灯光

3ds Max 2016将光度学灯光进行整合，将所有的目标光度学灯光合为一个对象，可以在该对象的参数面板中选择不同的模板和类型，如40W强度的灯或线性灯光类型，下左图为所有类型的目标灯光。

2. 自由灯光

自由灯光与目标灯光参数完全相同，只是没有目标点，下右图为参数面板。

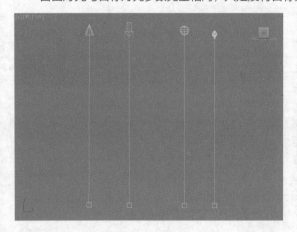
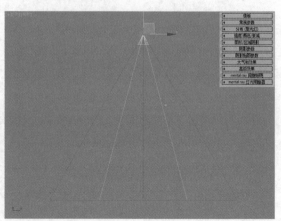

3. mr天空入口

mr天空入口对象提供了一种聚集内部场景中的现有天空照明的有效方法，无须高度最终聚集或全局照明设置。实际上，入口就是一个区域灯光，从环境中导出其亮度和颜色。光度学灯光与标准灯光一样，强度、颜色等是最基本的属性，但光度学灯光还具有物理方面的参数，如灯光的分布、形状以及色温等。

在光度学灯光的"强度/颜色/衰减"卷展栏中，可以设置灯光的强度和颜色等基本参数，如右图所示。其中，各参数选项的含义介绍如下：

- 颜色：在该选项组中提供了用于确定灯光的不同方式，可以使用过滤颜色功能，选择下拉列表中提供的灯具规格，或通过色温控制灯光颜色。
- 强度：在该选项组中提供了3个单选按钮来控制灯光的强度。
- 暗淡：在保持强度的前提下，以百分比的方式控制灯光的强度。

3ds Max 2016为聚光灯分布提供了相应的参数控制，可以使聚光区域产生衰减，右下图为相关的参数卷展栏。

- 聚光区/光束：该数值框用于调整灯光圆锥体的角度，聚光区值以度为单位进行测量。
- 衰减区/区域：该数值框用于调整灯光衰减区的角度，衰减区值以度为单位进行测量。

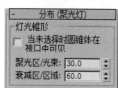

> **知识链接 ▶ 光度学Web分布**
>
> 光度学Web分布是以3D的形式表示灯光的强度，通过该方式可以调用光域网文件，产生异形的灯光强度分布效果。当选择"光度学Web"分布方式时，在相应的卷展栏中可以选择光域网文件并预览灯光的强度分布图。

6.1.3 光域网

光域网是模拟真实场景中灯光发光的分布形状，制作的一种特殊的光照文件，是结合光能传递渲染使用的。我们可以把光域网理解为灯光贴图，光域网文件的后缀名为.ies，用户可以从网上进行下载。它能使我们的场景渲染出来的射灯灯光效果更真实，层次更明显。

光域网的作用是使我们渲染出来的射灯灯光效果更加逼真，层次更明显。那么光域网怎么用？下面将对其具体应用操作进行介绍：

步骤01 在标准灯光创建命令面板中单击"目标灯光"按钮，在场景中创建一个目标灯光，如下图所示。

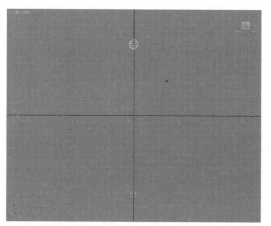

步骤02 进入修改命令面板，在"常规参数"卷展栏中设置灯光分布类型为"光度学Web"，下方会多出一个"分布（光度学）"卷展栏，如下图所示。

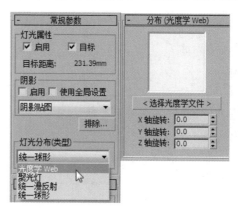

步骤03 单击"选择光度学文件"按钮，弹出"打开光域Web文件"对话框，选择合适的光域Web文件即可，如下图所示。

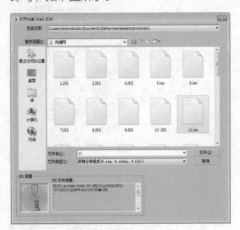

步骤04 光域网文件是.ies格式，我们并不能看到效果，但是在下载的光域网文件夹中能够找到各个光域网文件所对应渲染出来的效果图片，如下图所示。根据场景需要及灯光性质选择正确的光域网即可。

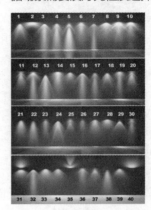

进阶案例 制作射灯照明效果

前面学习了3ds Max光源系统的相关知识，下面进行一个射灯照明效果的制作，这也是日常建模中常用到的操作，具体步骤如下：

01 打开素材文件，如下图所示。

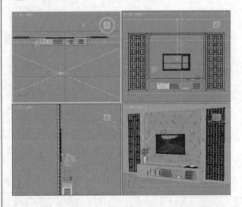

02 渲染透视图视口，效果如下图所示。

03 在前视图中创建一盏目标灯光，如下图所示。

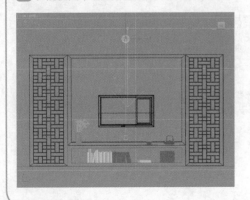

04 渲染透视图视口，效果如下图所示。

05 在"常规参数"卷展栏中选择"VR-阴影"选项，设置灯光分布类型为"光度学Web"，添加光域网文件，再设置灯光颜色及强度，如下图所示。

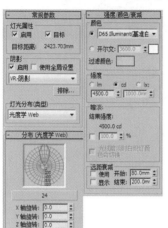

06 调整灯光位置及角度，如下图所示。

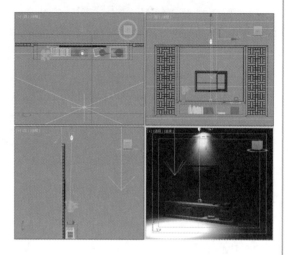

07 再次渲染视口，效果如下图所示。

08 复制灯光，最终的射灯效果如下图所示。

6.2 VRay光源系统

当VRay 渲染器安装完成后，灯光创建命令面板的灯光类型下拉列表中就增加了VRay类型，本节将学习VRay 的光源系统。

在灯光创建命令面板的灯光类型下拉列表中选择VRay选项时，灯光创建命令面板如右图所示。

6.2.1 VR-灯光

VR灯光是VRay渲染器自带的灯光之一，它的使用频率比较高。默认的光源形状为具有光源指向的矩形光源，如下左图所示。VR灯光参数控制面板如下右图所示。

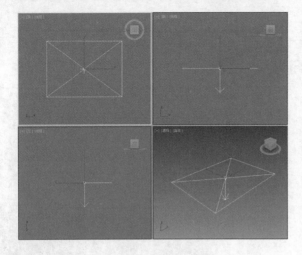

上述参数面板中，各选项的含义介绍如下：

- 开：即灯光的开关，勾选此复选框，灯光才被开启。
- 排除：可以将场景中的对象排除到灯光的影响范围外。
- 类型：有3种灯光类型可以选择。
- 单位：VRay的默认单位，以灯光的亮度和颜色来控制灯光的光照强度。
- 颜色：设置光源发光的颜色。
- 倍增：用于控制光照的强弱。
- 1/2长：面光源长度的一半。
- 1/2宽：面光源宽度的一半。
- 双面：该复选框用于控制是否在面光源的两面都产生灯光效果。
- 不可见：该复选框用于控制是否在渲染的时候显示VRay灯光的形状。
- 忽略灯光法线：勾选此复选框，场景中的光线按灯光法线分布；不勾选此复选框，场景中的光线均匀分布。
- 不衰减：勾选此复选框，灯光强度将不随距离而减弱。
- 天光入口：勾选此复选框，将把VRay灯光转化为天光。
- 存储发光图：勾选此复选框，同时为发光贴图命名并指定路径，这样VR灯光的光照信息将保存，

在渲染光子时会很慢，但最后可直接调用发光贴图，减少渲染时间。

- 影响漫反射：该复选框用于控制灯光是否影响材质属性的漫反射。
- 影响高光：该复选框用于控制灯光是否影响材质属性的高光。
- 细分：用于控制VRay灯光的采样细分。
- 阴影偏移：用于控制物体与阴影偏移距离。
- 使用纹理：该复选框用于设置HDRI贴图纹理作为穹顶灯的光源。
- 分辨率：用于控制HDRI贴图纹理的清晰度。
- 目标半径：当使用光子贴图时，用于确定光子从哪里开始发射。
- 发射半径：当使用光子贴图时，用于确定光子从哪里结束发射。

6.2.2 VRay IES

Vray IES是VRay渲染器提供用于添加IES光域网的文件的光源。选择了光域网文件（ *.IES ）后，在渲染过程中，光源的照明就会按照选择的光域网文件中的信息来表现，可以做出普通照明无法做到的散射、多层反射和日光灯等效果，如下图所示。

"VRay IES参数"卷展栏如下右图所示，其中参数含义与VRay灯光和VRay阳光类似。

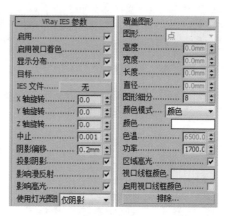

6.2.3 VR-阳光

VR阳光是VRay渲染器用于模拟太阳光的光照效果，它通常和VRSky配合使用，如下左图所示。"VRay阳光参数"卷展栏如下右图所示。

在参数面板中，各选项的含义介绍如下：

- 启用：此复选框是控制阳光的开关。
- 不可见：用于控制在渲染时是否显示VRay阳光的形状。
- 浊度：用于设置影响太阳光的颜色倾向。当数值较小时，空气干净，颜色倾向为蓝色；当数值较大时，空气浑浊，颜色倾向为黄色。
- 臭氧：用于设置空气中的氧气含量。
- 强度倍增：用于控制阳光的强度。
- 大小倍增：控制太阳的大小，主要表现在控制投影的模糊程度。
- 阴影细分：用于控制阴影的品质。
- 阴影偏移：如果该值为1.0，阴影无偏移；如果该值大于1.0，阴影远离投影对象；如果该值小于1.0，阴影靠近投影对象。
- 光子发射半径：用于设置光子放射的半径。

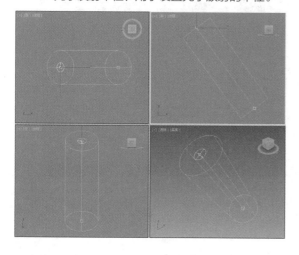

进阶案例 为卫生间模型设置光源

下面将为一个卫生间场景模型添加灯光效果，此场景中既有来自户外的环境光源、太阳光源，也有室内灯带、镜前灯、筒灯和吊灯产生的光源。模型中的窗户较小，因此场景主要依靠室内人工光源照明。通过模仿练习本实例，帮助读者更好地掌握效果图的制作技巧。

1. 创建并设置环境光源

下面讲解户外环境光源的设置，场景中使用一盏蓝色VR灯光用来模拟环境光，放置于窗户外侧，创建从窗户处投进户外光线的效果，具体操作步骤如下：

01 在视口中选择窗帘并单击鼠标右键，在弹出的快捷菜单中选择"隐藏选定对象"命令，将创建对象隐藏，如下图所示。

02 将窗帘隐藏后，单击灯光创建命令面板中的"VR-灯光"按钮，在前视口中创建一盏VR灯光，并移动至窗户外侧，如下图所示。

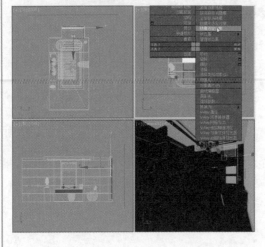

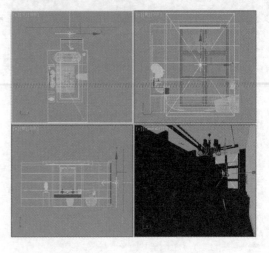

03 选择VRay灯光进入到修改命令面板，设置灯光强度倍增值，并设置灯光大小，如下图所示。

04 渲染摄影机视口，白色的光线从窗户进入，效果如下图所示。

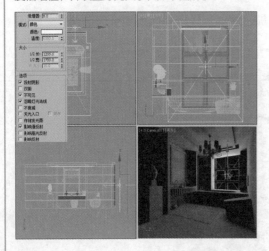

05 重新调整光源强度倍增值，并调整灯光颜色为浅蓝色（色调：150；饱和度：140；亮度：220），如下图所示。

06 渲染摄影机视口，场景中的光线效果以及强度都发生了改变，效果如下图所示。

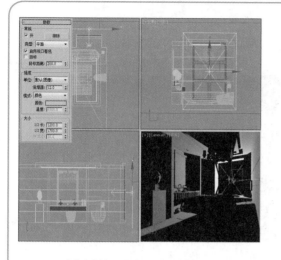

2. 创建并设置太阳光源和天空光源

在场景中，太阳光源和天空光源的照明效果是很重要的，下面讲解如何创建并调整本场景中的太阳光源，具体操作步骤如下：

01 单击灯光创建命令面板上的"VR阳光"按钮，在顶视口中创建一盏太阳光源，在创建太阳光源的同时暂不添加VRay天光，调整太阳光源的位置及角度，如下图所示。

02 选择太阳光源，进入修改命令面板，设置太阳光源的各项参数，如下图所示。

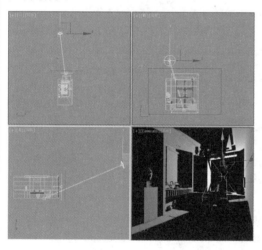

03 渲染摄影机视口，可以看到场景中的太阳光源光线较为生硬，效果如右图所示。

04 再次调整太阳光的浊度、强度倍增值、大小倍增值等参数，如下左图所示。

05 渲染摄影机视口，此时的太阳光线偏暖色，也比较明亮，效果如下右图所示。

06 打开"环境和效果"对话框，勾选"使用贴图"复选框，如下图所示，

07 将背景环境贴图实例复制到材质编辑器中的空白材质球上，单击材质编辑器中的None按钮，在视口中拾取太阳光源进行连接操作，再按照下图对VRay天光参数进行设置。

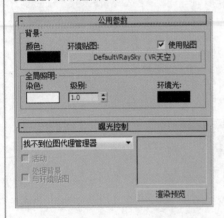

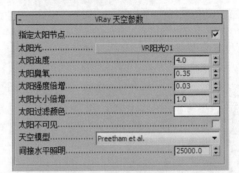

08 渲染摄影机视口，室内效果如右图所示。

3. 创建并设置室内光源

本场景中有灯带、镜前灯和吊灯等作为室内光源，对场景的影响比较多，具体操作步骤如下：

01 单击Vray灯光创建命令面板中的"VR-灯光"按钮，在顶视口中创建一盏VR灯光，旋转角度并调整灯光位置，如下图所示。

02 对灯光进行复制并调整位置，对于偏长的光源，可用缩放工具进行调整，如下图所示。

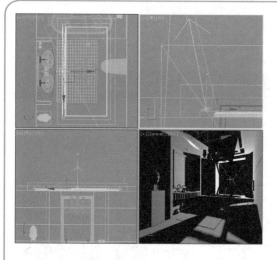

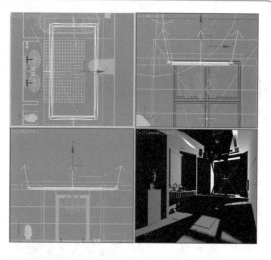

03 选择灯光并进入修改命令面板，设置灯光参数，如下图所示。

04 渲染摄影机视口，室内效果如下图所示。

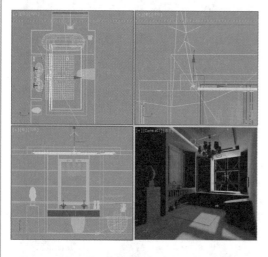

05 调整灯光强度并设置灯光颜色为暖黄色（色调：24；饱和度：200；亮度：255），如下图所示。

06 再次渲染摄影机视口，可以看到场景中的灯槽位置发出了黄色的光源，并且整体光线变强，效果如下图所示。

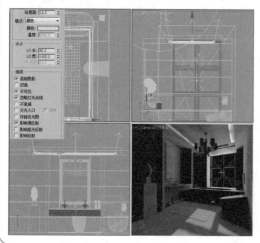

07 在灯光创建命令面板上单击"目标灯光"按钮，在前视口中创建一盏灯光，并调整灯光位置，如下图所示。

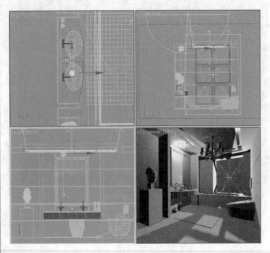

08 选择灯光进入修改命令面板，设置灯光参数，并为其添加光域网，如下图所示。

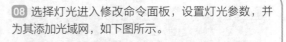

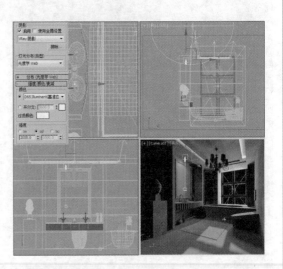

09 渲染摄影机视口，可以看到场景中添加镜前灯光源的效果，如下图所示。

10 调整灯光位置，增强灯光强度，并调整灯光颜色为黄色（色调：28；饱和度：150；亮度：255），再复制一个镜前灯光，如下图所示。

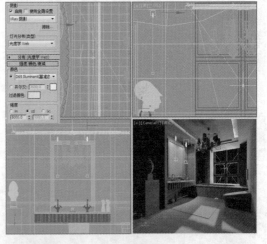

11 渲染摄影机视口，镜前灯开始产生较明亮的黄色光线，如右图所示。

12 在石膏雕像上方还有一盏筒灯，选择一盏镜前灯光源并复制，调整灯光位置及灯光强度等参数，如下左图所示。

13 渲染摄影机视口，效果如下右图所示。

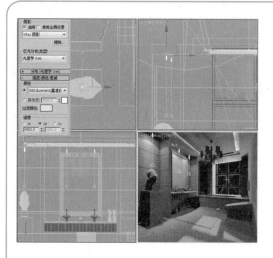

14 单击VR灯光按钮，在顶视口中创建一盏VR灯光，设置灯光类型为"球体"，再设置灯光强度及半径大小，如下图所示。

15 对灯光进行实例复制，然后调整灯光位置，如下图所示。

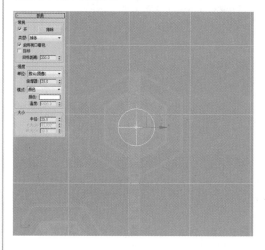

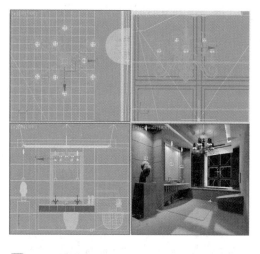

16 渲染摄影机视口，可看到吊灯光源发出白光，效果比较弱，如下图所示。

17 再次调整灯光强度及灯光颜色，如下图所示。

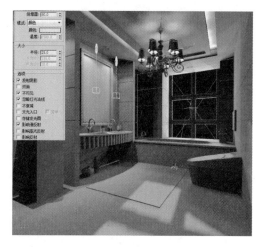

18 渲染摄影机视口，这时吊灯灯光效果就比较明显
了，如右图所示。

6.3 3ds Max摄影机

摄影机可以从特定的观察点来表现场景，模拟真实世界中的静止图像、运动图像或视频，并能够制作某些特殊的效果，如景深和运动模糊等。本节主要介绍摄影机的相关基本知识与实际应用操作。

6.3.1 摄影机的基本知识

真实世界中的摄影机是使用镜头，将环境反射的灯光聚焦到具有灯光敏感性曲面的焦点平面，3ds Max 2016 中摄影机相关的参数主要包括焦距和视野。

1. 焦距

焦距是指镜头和灯光敏感性曲面的焦点平面间的距离。焦距影响成像对象在图片上的清晰度。焦距越小，图片中包含的场景越多；焦距越大，图片中包含的场景越少，但会显示远距离成像对象的更多细节。

2. 视野

视野控制摄影机可见场景的数量，以水平线度数进行测量。视野与镜头的焦距直接相关，例如35mm的镜头显示水平线约为54°，焦距越大则视野越窄，焦距越小则视野越宽。

6.3.2 摄影机的类型

3ds Max 2016共提供了三种摄影机类型，即物理摄影机、目标摄影机和自由摄影机，用于表现静帧或单一镜头的动画或表现摄影机路径动画。

1. 物理摄影机

物理摄影机可模拟用户熟悉的真实摄影机设置，例如快门速度、光圈、景深和曝光。借助增强的控件和额外的视口内反馈，让创建逼真的图像和动画变得更加容易。

2. 目标摄影机

目标摄影机沿着放置的目标图标"查看"区域，使用该摄影机更容易定向。为目标摄影机及其目标制作动画，从而创建出有趣的效果。

3. 自由摄影机

自由摄影机在摄影指向的方向查看区域，与目标摄影机不同，自由摄影机由单个图标表示，可以更轻松地设置摄影机动画。

6.3.3 摄影机的操作

在3ds Max 2016中，可以通过多种方法快速创建摄影机，并能够使用移动和旋转工具对摄影机进行移动和定向操作，同时应用预置的各种镜头参数来控制摄影机的观察范围和效果。

1. 摄影机的创建与变换

对摄影机进行移动操作时，通常针对目标摄影机，对摄影机与摄影机目标点分别进行移动操作。由于目标摄影机被约束指向其目标，无法沿着其自身的X和Y轴进行旋转，所以旋转操作主要针对自由摄影机。

2. 摄影机常用参数

摄影机的常用参数主要包括镜头的选择、视野的设置、大气范围和裁剪范围的控制等多个参数，右图为摄影机对象与相应的参数面板，参数面板中各个参数的含义如下：

- 镜头：以毫米为单位设置摄影机的焦距。
- 视野：用于决定摄影机查看区域的宽度，可以通过水平、垂直或对角线这3种方式测量应用。
- 正交投影：勾选该复选框后，摄影机视图为用户视图；取消勾选该复选框后，摄影机视图为标准的透视图。
- 备用镜头：该选项组用于选择各种常用预置镜头。
- 类型：切换摄影机的类型，包含目标摄影机和自由摄影机两种。
- 显示圆锥体：该复选框用于显示摄影机视野定义的锥形光线。
- 显示地平线：勾选该复选框，在摄影机中的地平线上显示一条深灰色的线条。
- 显示：勾选该复选框显示出在摄影机锥形光线内的矩形。
- 近距/远距范围：设置大气效果的近距范围和远距范围。
- 手动剪切：勾选该复选框可以定义剪切的平面。
- 近距/远距剪切：用于设置近距和远距平面。
- 多过程效果：该选项组中的参数主要用来设置摄影机的景深和运动模糊效果。
- 目标距离：当使用目标摄影机时，设置摄影机与其目标之间的距离。

3. 景深参数

景深是多重过滤效果，通过模糊到摄影机焦点某距离处的帧的区域，使图像焦点之外的区域产生模糊效果。

景深的启用和控制，主要在摄影机参数面板的"多过程效果"选项组和"景深参数"卷展栏中进行设置，如右图所示，各个参数的含义如下：

- 使用目标距离：勾选该复选框后，系统会将摄影机的目标距离用作每个过程偏移摄影机的点。
- 焦点深度：当取消勾选"使用目标距离"复选框该选项可以用来设置摄影机的偏移深度。
- 显示过程：勾选该复选框后，"渲染帧窗口"对话框中将显示多个渲染通道。
- 使用初始位置：勾选该复选框后，第一个渲染过程将位于摄影机的初始位置。

- 过程总数：设置生成景深效果的过程数。增大该值可以提高效果的真实度，但是会增加渲染时间。
- 采样半径：设置生成的模糊半径。数值越大，模糊越明显。
- 采样偏移：设置模糊靠近或远离"采样半径"的权重。增加该值将增加精神模糊的数量级，从而得到更加均匀的景深效果。
- 规格化权重：勾选该复选框后可以产生平滑的效果。
- 抖动强度：设置应用于渲染通道的抖动程度。
- 平铺大小：设置图案的大小。
- 禁用过滤：勾选该复选框后，系统将禁用过滤的整个过程。
- 禁用抗锯齿：勾选该复选框后，可以禁用抗锯齿功能。

4. 运动模糊参数

运动模糊可以通过模拟实际摄影机的工作方式，增强渲染动画的真实感。摄影机有快门速度，如果在打开快门时物体出现明显的移动情况，胶片上的图像将变模糊。在摄影机的参数面板中选择"运动模糊"选项时，会打开相应的参数卷展栏，用于控制运动模糊效果，如右图所示。各个选项的含义如下：

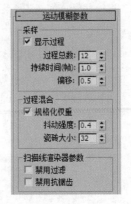

- 显示过程：勾选该复选框后，"渲染帧窗口"对话框中将显示多个渲染通道。
- 过程总数：用于生成效果的过程数。增加此值可以增加效果的精确性，但渲染时间会更长。
- 持续时间：用于设置在动画中将应用运动模糊效果的帧数。
- 偏移：设置模糊的偏移距离。
- 抖动强度：用于控制应用于渲染通道的抖动程度，增加此值会增加抖动量，并且生成颗粒状效果，尤其在对象的边缘上。
- 瓷砖大小：用于设置图案的大小。

6.4 VRay摄影机

VRay摄影机是安装了VR渲染器后新增加的一种摄影机，本节将对其相关知识进行详细介绍。

VRay 渲染器提供了VRay 穹顶摄影机和VRay 物理摄影机两种摄影机，VRay摄影机创建命令面板如右图所示。

6.4.1 VR-物理摄影机

VR-物理摄影机和3ds Max本身带的摄影机相比，可以模拟更真实的成像效果，更轻松地调节透视关系。单靠摄影机就能控制曝光，另外还有许多非常不错的其他特殊功能和效果。普通摄影机不带任何属性，如白平衡和曝光值等，VR-物理摄影机就具有这些功能，简单地讲，如果发现灯光不够亮，直接修改VRay摄影机的部分参数就能提高画面质量，而不用重新修改灯光的亮度。

1.基本参数

VR-物理摄影机的"基本参数"面板如下图所示。

- 类型：VR-物理摄影机内置了3 种类型的摄影机，单击该下三角按钮，在下拉列表中进行选择。
- 目标：勾选此复选框，摄影机的目标点将放在焦平面上。
- 胶片规格：该参数控制摄影机看到的范围，数值越大，看到的范围也就越大。
- 焦距：该参数控制摄影机的焦距。

- 缩放因子：该参数控制摄影机视口的缩放。
- 光圈数：用于设置摄影机光圈的大小，数值越小，渲染图片亮度越高。
- 目标距离：摄影机到目标点的距离，默认情况下不启用此选项。
- 指定焦点：勾选该复选框后，可以手动控制焦点。
- 焦点距离：控制焦距的大小。
- 曝光：勾选该复选框后，光圈、快门速度和胶片感光度设置才会起作用。
- 光晕：模拟真实摄影机的渐晕效果。
- 白平衡：控制渲染图片的色偏。
- 快门速度：控制进光时间，数值越小，进光时间越长，渲染图片越亮。
- 快门角度：只有选择电影摄影机类型时此项才激活，用于控制图片的明暗。
- 快门偏移：只有选择电影摄影机类型时此选项才激活，用于控制快门角度的偏移。
- 延迟：只有选择视频摄影机类型时此选项才激活，用于控制图片的明暗。
- 胶片速度：控制渲染图片亮暗，数值越大，表示感光系数越大，图片也就越暗。

2. 散景特效

散景特效常产生于夜晚，由于画面背景是灯光，可产生一个个彩色的光斑效果，同时还伴随一定的模糊效果。"散景特效"参数面板如右图所示。

- 叶片数：用于控制散景产生的小圆圈的边，默认值为5，表示散景的小圆圈为正五边形。
- 旋转（度）：用于设置散景小圆圈的旋转角度。
- 中心偏移：用于设置散景偏移源物体的距离。
- 各向异性：控制散景的各向异性，值越大，散景的小圆圈拉得越长，即变成椭圆。

> **知识链接 ▶ VR-物理摄影机**
>
> VR-物理摄影机的功能非常强大，相对于3ds Max自带的目标摄影机而言，增加了很多优秀的功能，比如焦距、光圈、白平衡、快门速度和曝光等，这些参数与单反相机是非常相似的，因此想要熟练地应用VR-物理摄影机，可以适当学习一些单反相机的相关知识。

6.4.2 VR-穹顶摄影机

VR 穹顶摄影机通常被用于渲染半球圆顶效果，它的参数设置面板如右图所示，其参数的含义介绍如下：

- 翻转X：使渲染的图像在X 轴上进行翻转。
- 翻转Y：使渲染的图像在Y 轴上进行翻转。
- Fov：设置视角的大小。

进阶案例 VR-物理摄影机的应用

通过对上述知识的学习与了解，接下来用户将通过下面的实例操作更加充分了解摄像机的创建与设置。

01 打开已经创建好的卧室场景，此时场景已将光源和材质设置完成，如下图所示。

02 单击3dx Max自带的目标摄像机，创建一个镜头为24mm的目标摄像并设置参数，如下图所示。

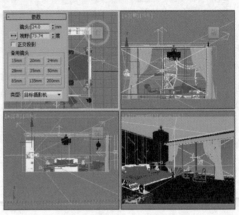

03 渲染目标摄像机视口，得到如下图所示的效果。

04 单击VRay摄像机创建命令面板，在顶视口中创建一盏VR-物理摄像机，如下图所示。

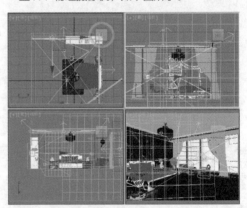

05 在视口中选择摄像机头，在视口下方设置X、Y和Z数值，如下图所示。

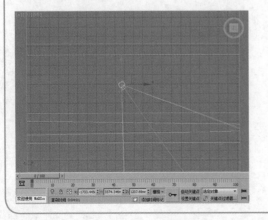

06 在视口中选择摄像机的目标点，在视口下方设置X、Y和Z数值，如下图所示。

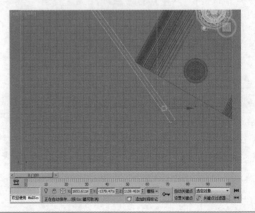

07 选择VRay物理摄像机单击修改按钮，进入修改命令面板，场景漆黑，如下图所示。

08 在"基本参数"卷展栏中将"快门速度"设置为70，渲染VRay物理摄像机视口，渲染的图片亮度得到提高，但是整体仍然偏暗，如下图所示。

09 在"基本参数"卷展栏中将"光圈数"设置为6，渲染VRay物理摄像机视口，渲染的图片亮度得到再次提高，如下图所示。

10 在"基本参数"卷展栏中将"胶片速度"设置为200，渲染VRay物理摄像机视口，渲染的图片亮度增强，如下图所示。

11 在"基本参数"卷展栏中将胶片规格为45时摄影机观察范围得到扩展，如下图所示。

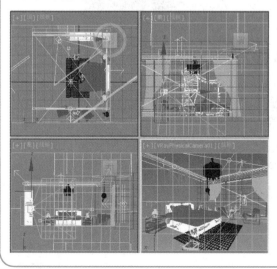

12 再综合进行调整，渲染VRay物理摄像机视口，渲染最终图片如下图所示。

课后练习

一. 选择题

1. 以下不属于3ds Max中默认灯光类型是（　　）。

A. Omni

B. Target Spot

C. Free Direct

D. Brazil-Light

2. 火焰\雾\光学特效的效果可以在（　　）视图中正常渲染。

A. Top

B. Front

C. Camera

D. Back

3. （　　）灯光不能控制发光范围。

A. 泛光灯

B. 聚光灯

C. 直射灯

D. 天光

4. 下面关于编辑修改器的说法正确的是（　　）。

A. 编辑修改器只可以作用于整个对象

B. 编辑修改器只可以作用于对象的某个部分

C. 编辑修改器可以作用于整个对象，也可以作用于对象的某个部分

D. 以上答案都不正确

二. 填空题

1. 3ds Max的标准灯光分别是_____、自由聚光灯、_____、自由平行灯光、_____、天光、mr区域泛光灯和mr区域聚光灯等多种标准灯光。

2. 添加灯光是场景描绘中必不可少的一个环节。通常在场景中表现照明效果应添加_____；若需要设置舞台灯光，应添加_____。

3. 3ds Max的三大要素是建模、材质、_____。

4. 照明是将主灯光放置在_____的侧面，让主灯光照射物体，也叫3/4照明、1/4照明或45°照明。

三. 操作题

利用本章所学的知识，练习为如下图所示的模型添加灯光。

Chapter

07

渲染技术

渲染是3ds Max效果图制作中的最后一个环节，这个过程直接决定一幅作品的好坏。渲染器的设置不仅会影响作品的风格，还会影响作品的精细度。本章将全面讲解渲染的相关知识，如渲染命令、渲染类型以及各种渲染的关键参数设置，通过对本章内容的学习，读者可以掌握模型渲染的操作方法与技巧。

知识要点

① 渲染器类型
② VRay渲染器设置面板的认识
③ 渲染参数的设置
④ 设置景深特效

上机安排

学习内容	学习时间
● VRay渲染器的设置	30分钟
● 简单场景效果的渲染	25分钟
● 书房效果的制作	45分钟

7.1 渲染基础知识

渲染器可以通过对参数的设置，将设置的灯光、所应用的材质及环境设置产生的场景，呈现出最终的效果。渲染器技术相对比较简单，需要用户熟练使用好其中一款或两款渲染器即能够完成较为优秀的作品。

7.1.1 认识渲染器

使用Photoshop制作作品时，可以实时看到最终的效果，而3ds Max由于是三维软件，对系统要求很高，无法承受实时预览，这时就需要一个渲染步骤，才能看到最终效果。当然渲染不仅仅是单击渲染这么简单，还需要设置参数，使渲染的速度和质量都达到我们的需求。

7.1.2 渲染器类型

渲染器的类型很多，3ds Max自带了多种渲染器，分别是默认扫描线渲染器、NVIDIA iray渲染器、NVIDIA mental ray渲染器、Quicksilver硬件渲染器和VUE文件渲染器。除此之外还有就很多外置的渲染器插件，比如VRay渲染器和Brazil渲染器等，如下图所示。

1. 默认扫描线渲染器

默认扫描线渲染器是一种多功能渲染器，可以将场景渲染为从上到下生成的一系列扫描线。默认扫描线渲染器的渲染速度是最快的，但是真实度一般。

2. NVIDIA iray渲染器

NVIDIA iray渲染器通过跟踪灯光路径，创建物理上的精确渲染。与其他渲染器相比，它几乎不需要进行设置，并且该渲染器的特点在于可以指定要渲染的时间长度、要计算的迭代次数，设置只需要启动渲染一段时间后，在对结果外观满意时可以将渲染停止。

3. NVIDIA mental ray渲染器

NVIDIA mental ray渲染器是一种通用渲染器，它可以生成灯光效果的物理校正模拟，包括光线跟踪反射和折射、焦散和全局照明。

4. Quicksilver硬件渲染器

Quicksilver硬件渲染器使用图形硬件生成渲染，其优点是它的速度，默认设置提供快速渲染。

5. VUE文件渲染器

VUE文件渲染器可以创建VUE文件，该文件使用可编辑的ASCII格式。

6. Brazil渲染器

Brazil渲染器是外置的渲染器插件，又称为巴西渲染器。

7. VRay渲染器

VRay渲染器是渲染效果相对比较优质的渲染器，也是本书中重点讲解的渲染器。

7.2 VRay渲染器

VRay渲染器是最常用的外挂渲染器之一，支持的软件偏向于建筑和表现行业，如3ds Max、SketchUp和Rhino等软件，其渲染速度快、渲染质量高的特点已被大多数行业设计师所认同。根据激活的渲染器的不同，所显示的面板也不同，下图为默认扫描线渲染器设置面板和VRay渲染器设置面板，VRay渲染器设置面板中主要包括公用、V-Ray、GI、设置和Render Elements5个选项卡，本小节中将会对较为重要的几个参数面板进行介绍。

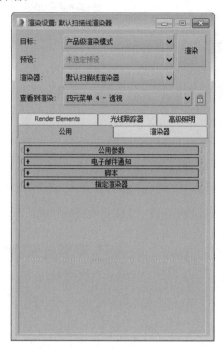 

知识链接 **使用VRay渲染器说明**

使用VRay渲染器渲染场景，需要同时使用VRay的灯光和材质，才能达到最理想的效果。

7.2.1 控制选项

在渲染设置对话框的顶部会有一些控制选项，如"目标"、"预设"、"渲染器"以及"查看到渲染"等，它们可应用于所有渲染器，具体介绍如下：

1."目标"下拉列表

在该下拉列表中选择不同的渲染选项，如右图所示。

- 产品级渲染模式（默认设置）：当处于活动状态时，单击"渲染"按钮可使用产品级模式。
- 迭代渲染模式：当处于活动状态时，单击"渲染"按钮可使用迭代模式。
- ActiveShade模式：当处于活动状态时，单击"渲染"按钮可使用 ActiveShade。
- A360云渲染模式：打开A360云渲染的控制。
- 提交到网络渲染：将当前场景提交到网络渲染。选择此选项后，3ds Max将打开"网络作业分配"对话框。此选择不影响"渲染"按钮本身的状态，您仍可以使用"渲染"按钮启动产品级、迭代或ActiveShade渲染模式。

2."预设"下拉列表

用于选择预设渲染参数集，或加载或保存渲染参数设置。

3."渲染器"下拉列表

可以选择处于活动状态的渲染器，这是使用"指定渲染器"卷展栏的一种替代方法。

四元菜单 4 - 顶
四元菜单 4 - 前
四元菜单 4 - 左
四元菜单 4 - 透视

4."查看到渲染"下拉列表

当单击"渲染"按钮时，将显示渲染的视口。要指定渲染的不同视口，可从该列表中选择所需视口，或在主用户界面中将其激活。该下拉列表中包含所有视口布局中可用的所有视口，每个视口都先列出了布局名称。如果"锁定到视口"处于关闭状态，则激活主界面中不用的视口会自动更新该设置。

锁定到视口🔒：启用时，会将视图锁定到"视口"列表中显示的一个视图，从而可以调整其他视口中的场景（这些视口在使用时处于活动状态），然后单击"渲染"按钮，即可渲染最初选择的视口；如果仅用此选项，单击"渲染"按钮，将始终渲染活动视口。

7.2.2 全局开关

该卷展栏主要是对场景中的灯光、材质和置换等进行全局设置，比如是否使用默认灯光、是否打开阴影、是否打开模糊等，其参数面板如下右图所示。参数的含义介绍如下：

- 置换：用于控制场景中的置换效果是否打开。在V-Ray的置换系统中，一共有两种置换方式：一种是材质的置换；另一种是V-Ray置换的修改器方式。当取消勾选该复选框时，场景中的两种置换都不会有效果。
- 强制背面消隐：与"创建对象时背面消隐"选项相似，"强制背面消隐"是针对渲染而言的，勾选该复选框后反法线的物体将不可见。
- 灯光：勾选此复选框时，V-Ray将渲染场景的光影效果，反之则不渲染。默认为勾选状态。
- 默认灯光：选择"开"选项时，V-Ray将会对软件默认提供的灯光进行渲染，选择"关闭全局照明"选项则不渲染。
- 隐藏灯光：用于控制场景是否让隐藏的灯光产生照明。
- 阴影：用于控制场景是否产生投影。
- 仅显示全局照明：当勾选此复选框时，场景渲染结果只显示GI的光照效果。尽管如此，渲染过程中也是计算了直接光照。
- 概率灯光：控制场景是否使用3ds Max系统中的默认光照，一般情况下不勾选该复选框。
- 反射/折射：用于控制是否打开场景中材质的反射和折射效果。
- 覆盖深度：用于控制整个场景中的反射、折射的最大深度，其后面的输入框中的数值表示反射、折射的次数。
- 光泽效果：用于控制是否开启反射或折射模糊效果。
- 过滤贴图：该复选框用于控制VRay渲染器是否使用贴图纹理过滤。
- 过滤GI：该复选框用于控制是否在全局照明中过滤贴图。
- 覆盖材质：该复选框用于控制是否给场景赋予一个全局材质。单击右侧的"排除"按钮，选择一个材质后，场景中所有的物体都将使用该材质渲染。在测试灯光时，这个功能非常有用。

7.2.3 图像采样器

在VRay渲染器中，图像采样器（抗锯齿）是指采样和过滤的一种算法，并产生最终的像素数组来完成图形的渲染。VRay渲染器提供了几种不同的采样算法，尽管会增加渲染时间，但是所有的采样器都支持3ds

Max 2016的抗锯齿过滤算法。可以在"固定"采样器、"自适应"采样器、"自适应细分"采样器和"渐进"采样器中根据需要选择一种进行使用。该卷展栏用于设置图像采样和抗锯齿过滤器类型,其界面如右图所示。

1."类型"下拉列表

用于设置图像采样器的类型,包括"固定"、"自适应"、"自适应细分"以及"渐进"选项。

- 固定:对每个像素使用一个固定的细分值。
- 自适应:可以根据每个像素以及与它相邻像素的明暗差异,不同像素使用不同的样本数量。
- 自适应细分:适用在没有或者有少量的模糊效果的场景中,这种情况下,它的渲染速度最快。
- 渐进:这个采样器可以适合渐进的效果,是新增的一个种类。

2."划分着色细分"复选框

当关闭抗锯齿过滤器时,常用于测试渲染,渲染速度非常快,但是质量较差。

3."图像过滤器"复选框

用于设置渲染场景的抗锯齿过滤器,其卜拉列表中包含多种选项,具体介绍如下:

- 区域:用区域大小来计算抗锯齿。
- 清晰四方形:来自Nesion Max算法的清晰9像素重组过滤器。
- Catmull-Rom:一种具有边缘增强的过滤器,可以产生较清晰的图像效果。
- 图版匹配/MAX R2:使用3ds Max R2将摄影机和场景或"无光/投影"与未过滤的背景图像匹配。
- 四方形:和"清晰四方形"相似,能产生一定的模糊效果。
- 立方体:基于立方体的25像素过滤器,能产生一定的模糊效果。
- 视频:适合于制作视频动画的一种抗锯齿过滤器。
- Cook变量:一种通用过滤器,较小的数值可以得到清晰的图像效果。
- 混合:一种用混合值来确定图像清晰或模糊的抗锯齿过滤器。
- Blackman:一种没有边缘增强效果的过滤器。
- Mitchell-Netravali:一种常用的过滤器,能产生微量模糊的图像效果。
- VRayLanczos/VRaySincFilter:可以很好地平衡渲染速度和渲染质量。
- VRayBox/VRay TriangleFilter:以盒子和三角形的方式进行抗锯齿。

4."大小"数值框

用于设置过滤器的大小。

7.2.4 全局确定性蒙特卡洛

"全局确定性蒙特卡洛"采样器可以说是VRay渲染器的核心,贯穿于每一种"模糊"计算中(抗锯齿、景深、间接照明、面积灯光、模糊反射/折射、半透明和运动模糊等),一般用于确定获取什么样的样本,最终哪些样本被光线追踪。与任意一个"模糊"计算使用分散的方法来采样不同的是,VRay渲染器根据一个特定的值,使用一种独特的统一的标准框架来确定有多少以及多精确的样本被获取,这个标准框架就是"全局确定性蒙特卡洛"采样器。其参数面板如右图所示:

- 自适应数量：用于控制重要性采样使用的范围。默认值为1，表示在尽可能大的范围内使用重要性采样，0表示不进行重要性采样。换句话说，样本的数量会保持在一个相同的数量上，而不管模糊效果的计算结果如何，减少这个值会减慢渲染速度，但同时会降低噪波和黑斑。
- 噪波阈值：在计算一种模糊效果是否足够好的时候，控制VRay 的判断能力。在最后的结果中直接转化为噪波。较小的取值表示较少的噪波、使用更多的样本并得到更好的图像质量。
- 全局细分倍增：在渲染过程中该选项会倍增任何地方任何参数的细分值。可以使用这个参数来快速增加或减少任何地方的采样质量。在使用DMC 采样器的过程中，可以将它作为全局的采样质量控制。
- 最小采样：确定在使用早期终止算法之前必须获得的最少的样本数量。较高的取值将会减慢渲染速度，但同时会使早期终止算法更可靠。

7.2.5 颜色贴图

该卷展栏下的参数用来控制整个场景的色彩和曝光方式，其参数设置面板如右图所示。其参数含义介绍如下：

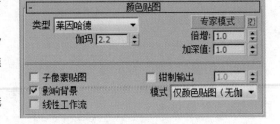

- 类型：该下拉列表中包括线性倍增、指数、HSV指数、强度指数、伽玛校正、强度伽玛和莱茵哈德7种模式。
- 线性倍增：这种模式将基于最终色彩亮度来进行线性的倍增，容易产生曝光效果，不建议使用。
- 指数：这种曝光采用指数模式，可以降低靠近光源处表面的曝光效果，产生柔和效果。
- HSV指数：与指数相似，不同于可保持场景的饱和度。
- 强度指数：这种方式是对上面两种指数曝光的结合，既抑制曝光效果，又保持物体的饱和度。
- 伽玛校正：采用伽玛来修正场景中的灯光衰减和贴图色彩，其效果和线性倍增曝光模式类似。
- 强度伽玛：这种曝光模式不仅拥有伽玛校正的有点，同时还可以修正场景灯光的亮度。
- 莱茵哈德：这种曝光方式可以把线性倍增和指数曝光混合起来。
- 子像素贴图：勾选该复选框后，物体的高光区与非高光区的界限处不会有明显的黑边。
- 钳制输出：勾选该复选框后，在渲染图中有些无法表现出来的色彩会通过限制来自动纠正。
- 影响背景：控制是否让曝光模式影响背景。当取消勾选该复选框时，背景不受曝光模式的影响。
- 线性工作流：该选项就是一种通过调整图像的灰度值，来使得图像得到线性化显示的技术流程。

7.2.6 全局照明

在修改VRay渲染器时，首先要开启全局照明，才能得到真实的渲染效果。开启全局照明后，光线会在物体与物体之间互相反弹，因此光线计算会更准确，图像也更加真实，参数设置面板如下图所示。其参数含义介绍如下：

- 启用全局照明：勾选该复选框后，将会开启GI效果。
- 首次/二次引擎：VRay计算的光的方法是真实的，光线发射出来然后进行反弹，再进行反弹。
- 倍增：控制"首次引擎"和"二次引擎"的光的倍增值。
- 折射全局照明焦散：控制是否开启折射焦散效果。
- 反射全局照明焦散：控制是否开启反射焦散效果。
- 饱和度：可以控制色溢，降低该数值可以降低色溢效果。

- 对比度：控制色彩的对比度。
- 对比度基数：控制饱和度和对比度的基数。
- 环境阻光：控制饱和度和对比度的基数。
- 半径：控制环境阻光的半径。
- 细分：设置环境阻光的细分值。

7.2.7 发光图

当"全局照明引擎"的类型为"发光图"时，软件便出现"发光图"卷展栏。它描述了三维空间中的任意一点以及全部可能照射到这点的光线，参数设置面板如右图所示。

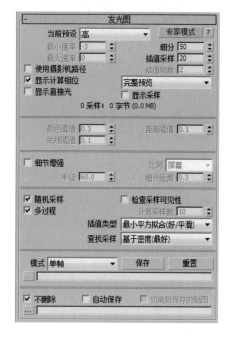

- 当前预设：设置发光图的预设类型，共有8种。
- 最小/最大速率：主要控制场景中比较平坦面积比较大/细节比较多弯曲较大的面的质量受光。
- 细分：数值越高，表现光线越多，精度也就越高，渲染的品质也越好。
- 插值采样：这个参数是对样本进行模糊处理，数值越大渲染越精细。
- 插值帧数：该数值用于控制插补的帧数。
- 使用摄影机路径：勾选该复选框将会使用摄影机的路径。
- 显示计算相位：勾选该复选框后，可以看到渲染帧里的GI预算过程，建议勾选。
- 显示直接光：在计算的时候显示直接光，方便用户观察直接光照的位置。
- 显示采样：显示采样的分布以及分布的密度，帮助用户分析GI的精度够不够。
- 细节增强：勾选该复选框后细节非常精细，但是渲染速度非常慢。
- 多过程：勾选该复选框后，VRay会根据最大比率和最小比率进行多次计算。
- 模式：一共有8种模式，分别是单帧、多帧增量、从文件、添加到当前贴图、增量添加到当前贴图、快模式和动画等。
- 不删除：当光子渲染完以后，不把光子从内存中删掉。
- 自动保存：光子渲染完以后，自动保存在硬盘中。
- 切换到保存的贴图：勾选了"自动保存"复选框后，在渲染结束时会自动进入"从文件"模式并调用光子图。

知识链接 "发光图"卷展栏中的预设类型和模式介绍

当"全局照明引擎"类型为"发光图"时，其8种设置发光图的预设类型分别为：

① 自定义：选择该模式时，可手动调节参数。
② 非常低：这是一种非常低的精度模式，主要用于测试阶段。
③ 低：一种比较低的精度模式。
④ 中：一种中级品质的预设模式。
⑤ 中-动画：用于渲染动画效果，可以解决动画闪烁问题。
⑥ 高：一种高精度模式，一般用在光子贴图中。
⑦ 高-动画：比中等品质效果更好的一种动画渲染预设模式。
⑧ 非常高：与预设模式中精度最高的一种，可以用来渲染高品质的效果图。

其8种模式分别介绍如下：

① 单帧：一般用来渲染静帧图像。

② 多帧增量：用于渲染有摄影机移动的动画，当VRay计算完第一帧的光子后，后面的帧根据第一帧里没有的光子信息进行计算，节约了渲染时间。

③ 从文件：渲染完光子后，可以将其保存起来，这个选项就是调用保存的光子图进行动画计算。

④ 添加到当前贴图：当渲染完一个角度的时候，可以把摄影机转一个角度再计算新角度的光子，最后把这两次的光子叠加起来，这样的光子信息更加丰富准确，可以进行多次叠加。

⑤ 增量添加到当前贴图：这个模式和"添加到当前贴图"相似，只不过它不是重新计算新角度的光子，而是只对没有计算过的区域进行新的计算。

⑥ 块模式：把整个图分成块来计算，渲染完一个块再进行下一个块的计算，在低GI的情况下，渲染出来的块会出现错位的情况，主要用于网络渲染，速度比其他方式要快一些。

⑦ 动画（预通过）：适合动画预览，使用这种模式要预先保存好光子贴图。

⑧ 动画（渲染）：适合最终动画渲染，这种模式要预先保存好光子贴图。

7.2.8 灯光缓存

当"全局照明引擎"的类型为"灯光缓存"时，软件便出现"灯光缓存"卷展栏。它采用了发光贴图的部分特点，在摄像机可见部分跟踪光线的发射和衰减，然后把灯光信息存储在一个三维数据结构中，参数设置面板如右图所示。

- 细分：用来决定灯光缓存的样本数量。数值越高，样本总量越多，渲染效果越好，渲染速度越慢。

- 采样大小：控制灯光缓存的样本大小，小的样本可以得到更多的细节，但需要更多的样本。

- 比例：在效果图中使用"屏幕"选项，在动画中使用"世界"选项。

- 存储直接光：勾选该复选框后，灯光缓存将储存直接光照信息。当场景中有很多灯光时，使用该选项会提高渲染速度。因为它已经把直接光照信息保存到灯光缓存里，在渲染出图时不需要对直接光照再进行采样计算。

- 使用摄影机路径：勾选该复选框后，将使用摄影机作为计算的路径。

- 显示计算相位：勾选该复选框后，可以显示灯光缓存的计算过程，方便观察。

- 自适应跟踪：这个选项的作用在于记录场景中的灯光为止，并在光的位置上采用更多的样本，同时模糊特效也会处理的更快，但是会占用更多的内存资源。

- 预滤器：勾选该复选框后，可以对灯光缓存的样本进行提前过滤，主要是查找样本边界，然后对其进行模糊处理。后面的值越高，对样本处理的程度越深。

- 使用光泽光线：是否使用平滑的灯光缓存，勾选该复选框后会使渲染效果更加平滑，但是会影响到细节效果。

- 过滤器：该选项是在渲染最后成图时，对样本进行过滤。

7.2.9 系统

该卷展栏下的参数不仅对渲染速度有影响，而且还会影响渲染的显示和提示功能，同时还可以完成联机渲染，参数设置面板如下图所示。各参数的含义介绍如下：

- 渲染块宽度/高度：表示宽度/高度方向的渲染块的尺寸。

- 序列：控制渲染块的渲染顺序，共有6种方式。
- 反向排序：勾选该复选框后，渲染的顺序将和设定的顺序相反。
- 动态内存限制：控制动态内存的总量。
- 最大树向深度：控制根节点的最大分支数量，较高的值会加快渲染速度，同时会占用较多的内存。
- 最小叶片尺寸：控制叶节点的最小尺寸，当达到叶节点尺寸以后，系统停止计算场景。
- 面/级别系数：控制一个节点中的最大三角面数量，当未超过临近点时计算速度快。
- 使用高性能光线跟踪：控制是否使用高性能光线跟踪。
- 帧标记：勾选该复选框后，就可以显示水印。
- 低线程优先权：勾选该复选框后，VRay将使用低线程进行渲染。
- 检查缺少文件：勾选该复选框后，VRay会寻找场景中丢失的文件，保存到C:\VRayLog.txt中。
- 优化大气求值：当场景中大气比较稀薄的时候，勾选该复选框可以得到比较优秀的大气效果。

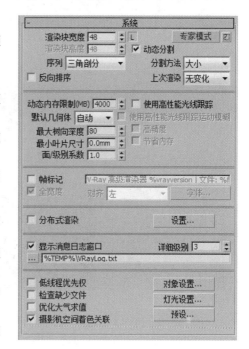

进阶案例 **书房一角效果的制作**

本案例将介绍如何在3ds Max中打开已经创建完成的场景模型，并在此基础上进行摄影机、光源和材质的创建与渲染。

1. 创建摄影机

下面讲解如何在3ds Max中打开并检测已经创建完成的场景模型，并创建摄影机确定理想的观察角度，具体操作步骤如下：

01 执行"文件＞打开"命令，打开名为"餐厅.max"的文件，创建完成的场景模型将在3ds Max 2016中打开，如下图所示。

02 在摄影机创建命令面板中单击"目标"按钮，在顶视图中拖动创建一架摄影机，如下图所示。

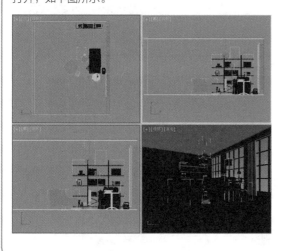

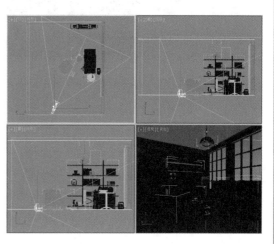

03 调整摄影机角度及高度，并在右侧修改命令面板中设置摄影机的参数，如下图所示。

04 选择透视视口，在键盘上按C键即可进入摄影机视口，如下图所示。

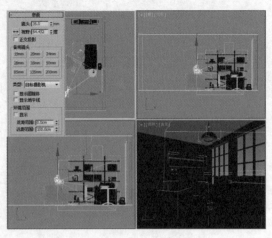

2. 创建光源

下面讲解户外环境光源的设置，此场景中使用一盏平行光作为太阳光源，放置于窗户外侧，这样从窗户处就能进户外光线，具体操作步骤如下：

01 单击标准灯光创建命令面板中的"目标平行光"按钮，在前视口中创建一盏平行光，如下图所示。

02 选择灯光进入到修改命令面板，调整灯光位置及角度，设置灯光参数，如下图所示。

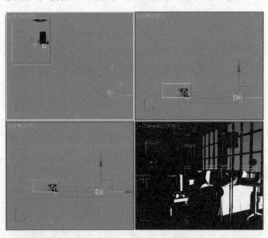

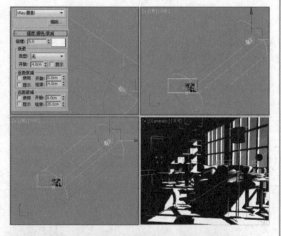

03 渲染摄影机视口，可以看到场景中有来自户外的光线，效果如右图所示。

04 调整灯光颜色为浅黄色，模拟黄昏的太阳光，再增加灯光强度，如下左图所示。

05 再次渲染摄影机视口，可以看到环境光线变成了淡淡的黄色，有了黄昏的感觉，如下右图所示。

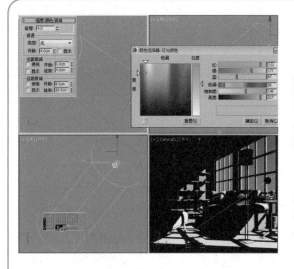

06 打开"环境和效果"对话框，为背景添加渐变材质，如下图所示。

07 将材质拖到材质编辑器中的空白材质球上，为其命名为"天空"，在"渐变参数"卷展栏中，设置颜色1为深蓝色，颜色2为浅蓝色，颜色3为白色，其余设置默认，如下图所示。

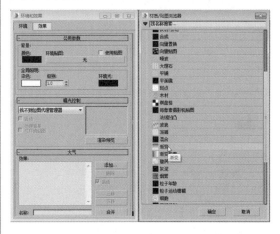

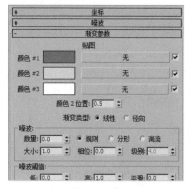

08 为颜色1添加烟雾材质，打开到"烟雾参数"卷展栏，设置颜色1为深蓝色，颜色2为白色，并设置其他参数，如下图所示。

09 返回场景，渲染摄影机视口，效果如下图所示。

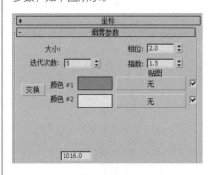

3. 创建材质

下面讲解如何为场景中的所有对象分别设置材质，材质的设置是制作效果图的关键之一，只有材质设置到位，才能表现出场景的真实性。

01 为了便于观察场景，可以将场景中创建的灯光和摄影机进行隐藏。进入显示命令面板，在"按类别隐藏"卷展栏中勾选"灯光"及"摄影机"复选框，则场景中此类物体将会被隐藏，如下图所示。

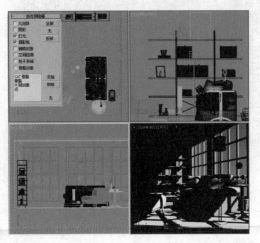

02 创建名为"白漆"的VRayMtl材质，设置漫反射颜色为白色（色调：0；饱和度：0；亮度：250），反射颜色为深灰色（色调：0；饱和度：0；亮度：5），并设置反射参数，如下图所示。

03 创建名为"地毯"的VRayMtl材质球，设置漫反射颜色为褐色（色调：20；饱和度：180；亮度：130），添加衰减贴图，设置如下图所示。

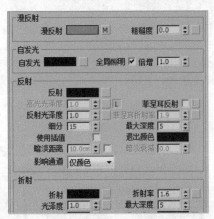

04 打开"衰减参数"卷展栏，设置衰减颜色，并为其添加位图贴图，设置衰减类型为Fresnel，如下图所示。

05 返回到"贴图"卷展栏，为凹凸通道添加位图贴图，如右图所示。

06 选择场景中的对象，将白漆材质赋予到墙面和顶面，将地毯材质赋予到地面，并为其添加"VRay置换模式"以及UVW贴图，如下左图所示。

07 渲染摄影机视口，效果如下右图所示。

08 创建名为"沙发"的VRayMtl材质球，设置反射颜色为深灰色（色调：0；饱和度：0；亮度：15），并设置反射参数，如下图所示。

09 打开"贴图"卷展栏，为漫反射通道添加衰减贴图，为凹凸通道添加位图贴图，并设置凹凸值，如下图所示。

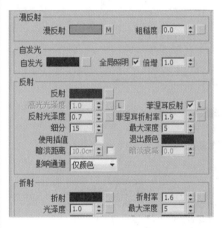

10 打开"衰减参数"卷展栏，设置衰减颜色，如下图所示。

11 创建名为"不锈钢"的VRayMtl材质球，设置漫反射颜色为灰色，并设置反射参数，其余设置默认，如下图所示。

12 创建名为"茶几面"的VRayMtl材质球，为漫反射通道添加位图贴图，设置反射颜色为灰色，并设置反射参数，如下图所示。

14 选择场景中相应的物体，为其赋了材质，渲染摄影机视口，效果如下图所示。

16 创建名为"黑线"的VRayMtl材质球，设置漫反射颜色为黑色，反射颜色为灰色，设置反射参数，如右图所示。

17 将材质赋予到场景中的对象，渲染摄影机视口，效果如下左图所示。

18 创建名为"白瓷"的VRayMtl材质球，设置漫反射颜色为白色，并为反射通道添加衰减贴图，设置反射光泽度，如下右图所示。

13 再创建名为"书架"的VRayMtl材质球，为漫反射通道添加位图贴图，设置反射颜色为灰色，并设置反射参数，如下图所示。

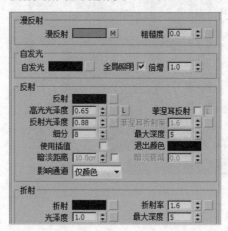

15 创建名为"灯罩"的VRayMtl材质球，设置漫反射颜色为白色，反射颜色为灰色（色调：0；饱和度：0；高光：20），如下图所示。

19 打开"衰减参数"卷展栏，设置衰减类型为Fresnel，如下图所示。

20 同样创建名为"黑瓷"的VRayMtl材质球，设置漫反射颜色为深蓝色，其余设置同"白瓷"的参数相同，如下图所示。

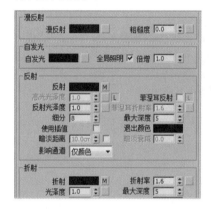

21 创建名为"藤盒"的VRayMtl材质球，为漫反射通道及凹凸通道添加位图贴图，并设置凹凸值，其余参数默认，如下图所示。

22 创建名为"挂画"的VRayMtl材质球，为漫反射通道添加位图贴图，其余参数默认，如下图所示。

23 同样创建书籍、照片等材质，选择场景中的对象，分别为其赋予材质，渲染摄影机视口，效果如下图所示。

24 执行"渲染 > 渲染设置"命令，打开"渲染设置"对话框，在"公用"面板中的"公用参数"卷展栏中设置输出大小，如下图所示。

25 切换到V-Ray面板，在"全局开关"卷展栏中选择关闭默认灯光，如下图所示。

26 在"图像采样器"卷展栏中，设置图像采样器类型为"自适应"，开启抗锯齿过滤器，设置类型为Mitchell-Netravali，打开"颜色贴图"卷展栏，设置类型为"指数"，如下图所示。

27 切换到"间接照明"面板，打开"发光图"卷展栏，设置当前预置等级为"中"，半球细分值为50，插值采样值为30，勾选"显示计算相位"和"显示直接光"复选框，如右图所示。

28 打开"灯光缓存"卷展栏，设置细分值为1000，勾选"存储直接光"和"显示计算相位"复选框，如下左图所示。

29 设置完成后保存文件，渲染摄影机视口，渲染出最终效果如下右图所示。

4. 后期处理

下面将介绍如何在Photoshop中进行后期处理，使得渲染图片更加的精美，操作步骤如下：

01 打开渲染好的"书房一角.jpg"文件，执行"图像>调整>色相/饱和度"命令，打开"色相/饱和度"对话框，调整整体饱和度，如下图所示。

02 适当调整颜色饱和效果，效果如下图所示。

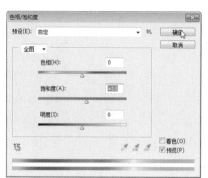

03 执行"图像>调整>亮度/对比度"命令，打开"亮度/对比度"对话框，调整亮度及对比度值，如下左图所示。调整后效果如下右图所示。

04 执行"图像>调整>曲线"命令，打开"曲线"对话框，调整曲线值，单击"确定"按钮，如下左图所示。最终效果如下右图所示。

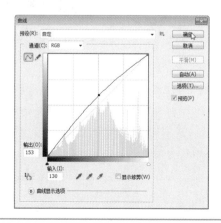

课后练习

一. 选择题

1. 下面说法中正确的是（　　）。

A. 不管使用何种规格输出，该宽度和高度的尺寸单位为像素

B. 不管使用何种规格输出，该宽度和高度的尺寸单位为毫米

C. 尺寸越大，渲染时间越长，图像质量越低

D. 尺寸越大，渲染时间越短，图像质量越低

2. 3ds Max提供了四种环境特效，以下不正确的有（　　）。

A. 爆炸特效　　　　　　　B. 喷洒特效

C. 燃烧特效　　　　　　　D. 雾特效

3. 大气装置中需要拾取线框的是（　　）。

A. 燃烧和体积光　　　　　B. 燃烧和体积雾

C. 雾和体积雾　　　　　　D. 体积雾和体积光

4. 在渲染效果对话框中选择模糊的选项为（　　）。

A. File Output　　　　　　B. Blur

C. Film Grain　　　　　　D. Lens Effects

二. 填空题

1. 渲染的种类有＿＿＿＿、渲染上次、＿＿＿＿、浮动渲染。

2. 单独指定要渲染的帧数应使用＿＿＿＿。

3. 在渲染输出之前，要先确定好将要输出的视图。渲染出的结果是建立在＿＿＿＿的基础之上。

4. 渲染时，不能看到大气效果的是＿＿＿＿视图和顶视图。

三. 上机题

利用本章所学的知识，渲染下左图所示的场景。

Chapter

08

餐厅场景的表现

本章将综合利用前面所学知识，介绍餐厅效果图的制作。讲解重点是在3ds Max中打开已经创建好的餐厅场景模型，然后进行摄影机、光源、材质的创建与渲染。通过对本案例的学习，读者不仅可以加深对Vray灯光和Vray材质的理解与运用，还可以掌握更多的渲染技巧，从而为渲染更复杂的三维模型奠定基础。

知识要点

① 场景光源的创建
② 场景材质的设置
③ 测试渲染设置
④ 出图渲染设置

上机安排

学习内容	学习时间
● 检测模型	10分钟
● 创建摄影机	10分钟
● 创建光源	30分钟
● 添加材质	30分钟
● 渲染设置	20分钟
● 效果图的处理	10分钟

8.1 检测模型并创建摄影机

本节将介绍如何在3ds Max中打开并检测已经创建完成的场景模型，以及如何创建摄影机，确定理想的观察角度。下面将对其具体操作步骤进行介绍：

步骤01 执行"文件>打开"命令，打开名为"餐厅.max"的文件，创建完成的场景模型将在3ds Max 2016中打开，如下图所示。

步骤02 首先要检查模型是否完整，接着单击工具栏中的"渲染"按钮进行渲染，效果如下图所示。通过渲染出的图片来检测模型是否有破面，以便进行修整。

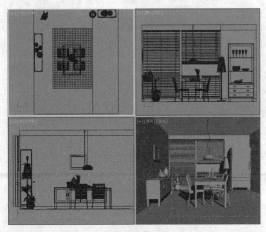

步骤03 在摄影机创建命令面板中单击"目标"按钮，在顶视图中拖动创建一架摄影机，如下图所示。

步骤04 调整摄影机的角度及高度，并在右侧修改命令面板中设置摄影机的参数，如下图所示。

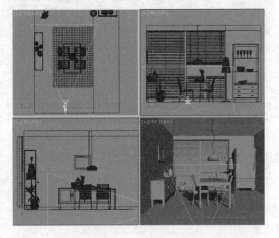

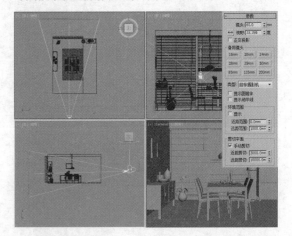

8.2 创建并设置光源

场景为白天具有太阳光的情景，场景中的光源不多，拥有户外环境光源和室内光源，户外光源包括环境光源和太阳光源，室内光源包括落地灯和吊灯。

8.2.1 创建户外环境光源

本节将介绍户外管径光源的设置，场景中使用一盏光源作为环境光，放置于窗户外侧，这样从窗户处就能进户外光线，具体操作步骤如下：

步骤01 单击VRay灯光创建命令面板中的"VRay
灯光"按钮，在前视口中创建一盏VRay灯光，并将
光源移动到窗户外侧，如下图所示。

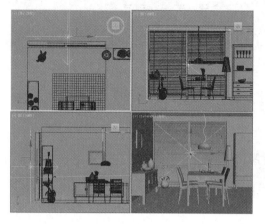

步骤02 渲染摄影机视口，效果如下图所示。

步骤03 进入修改命令面板，设置倍增值及灯光颜
色，再勾选其他复选框，如下图所示。

步骤04 渲染摄影机视口，效果如下图所示。

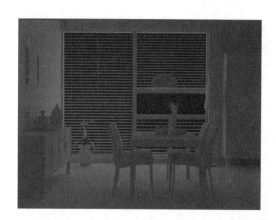

8.2.2 创建太阳光源和天空光

在日光场景中太阳光和天空光是场景的主导光源，对场景的影响较大。本节主要介绍如何创建并调整太
阳光源和天空光，具体操作步骤如下：

步骤01 单击VRay灯光创建命令面板中的"VRay
阳光"按钮，在左视口中创建一盏太阳光源，在创建
太阳光源的同时不添加VRay天空环境贴图，调整太
阳光位置及角度，如右图所示。

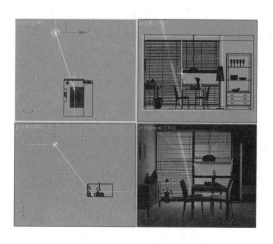

步骤02 选择太阳光进入修改命令面板，调整太阳光的各项参数，如下图所示。

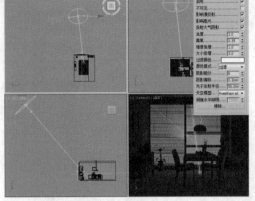

步骤04 再次调整太阳光参数，并进行渲染，效果如下图所示。

步骤06 将该贴图实例复制到材质编辑器中的空白材质球上，并进行参数的设置，如下图所示。

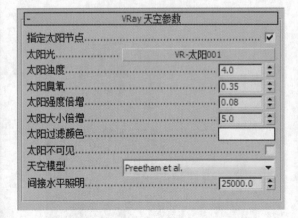

步骤03 渲染摄影机视口，效果如下图所示。

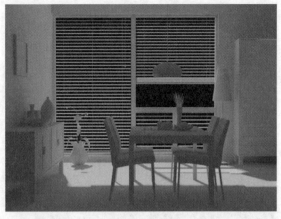

步骤05 打开"环境和效果"对话框，勾选"使用贴图"复选框，为环境背景添加"VR天空"贴图，如下图所示。

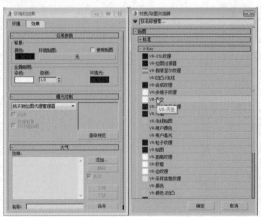

步骤07 渲染摄影机视口，可以看到添加VR天空贴图后的户外光源，如下图所示。

8.2.3 创建室内吊灯光源

室内吊灯光源为室内的主要照明，室内灯光的具体创建过程如下：

步骤01 单击VRay灯光创建命令面板中的"VRay灯光"按钮，设置灯光类型为"球体"，在顶视口中创建一盏VRay灯光，调整位置，如下图所示。

步骤02 选择灯光进入修改命令面板，设置灯光强度及半径参数，如下图所示。

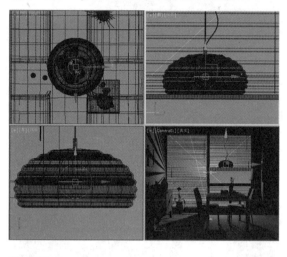

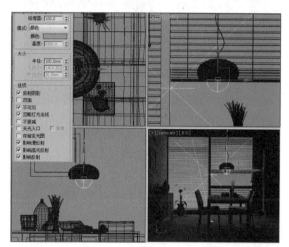

步骤03 渲染摄影机视口，可以看到吊灯产生的黄色光线，效果如右图所示。

8.2.4 创建室内落地灯光源

场景中的落地灯光源为辅助光源，比较靠近窗户，在室外光源的影响下，照明作用不是很强，该光源的具体创建步骤如下：

步骤01 单击光度学灯光创建命令面板中的"目标灯光"按钮，在前视口中创建一盏目标灯光，调整灯光位置，如下图所示。

步骤02 选择灯光进入修改命令面板，设置灯光分布类型为"光度学Web"，设置灯光阴影、颜色和强度等参数，如下图所示。

步骤03 渲染摄影机视口，可以看到由落地灯产生的照明并不明显，如右图所示。

8.2.5 创建室内辅助光源

由于场景中的照明光源很少，场景效果稍显偏暗，下面我们将添加一盏辅助的VR灯光来提亮场景效果，该光源的具体创建步骤如下：

步骤01 单击VRay灯光创建命令面板中的"VRay灯光"按钮，在顶视口中创建一盏VRay灯光，并将光源移动到合适位置，如下图所示。

步骤02 选择灯光进入修改命令面板，设置灯光颜色和强度等参数，如下图所示。

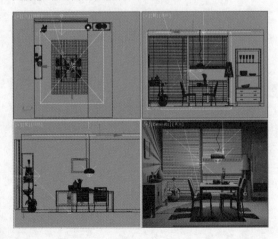
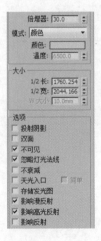

步骤03 渲染摄影机视口，可以看到室内环境因辅助灯光变得稍微明亮且偏黄，效果如下图所示。

步骤04 再次对灯光参数进行调整，渲染摄影机视口，效果如下图所示，可以看到场景已经比较明亮了。

8.3 设置并赋予材质

本节将介绍如何为场景中的所有对象分别设置材质，材质的设置是制作效果图的关键，只有材质设置到位，才能表现出场景的真实性。

8.3.1 设置墙体、顶面及地面材质

本场景中的墙面和顶面使用了白色乳胶漆，地面材质为仿古青石砖，下面将对其具体操作步骤进行介绍：

步骤01 为了便于观察场景，可以将场景中创建的灯光、摄影机和二维样条线进行隐藏。进入显示命令面板，在"按类别隐藏"卷展栏中勾选"图形"、"灯光"及"摄影机"复选框，则场景中此类物体将会被隐藏，如下图所示。

步骤02 创建名为"白色乳胶漆"的VRayMtl材质，设置漫反射颜色为白色（色调：0；饱和度：0；亮度：250），反射颜色为灰色（色调：0；饱和度：0；亮度：25），并设置反射光泽度，如下图所示。

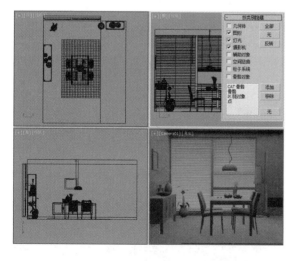

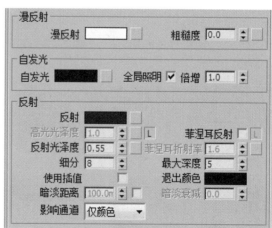

步骤03 选择场景中的顶面和墙面，将材质指定给选择对象，如下图所示。

步骤04 渲染摄影机视口，效果如下图所示。

步骤05 创建名为"地砖"的VRayMtl材质球，设置反射颜色为灰色（色调：0；饱和度：0；亮度：60），并设置反射光泽度，如下图所示。

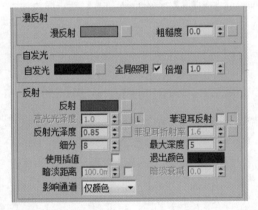

步骤06 打开"贴图"卷展栏，为漫反射通道和凹凸通道分别添加位图贴图，设置凹凸值为50，如下图所示。

步骤07 选择场景中的地面，将材质指定给选择对象，在材质编辑器中单击"视口中显示明暗处理材质"按钮，则场景中的地面会显示出材质效果，如下图所示。

步骤08 打开修改器列表，为其添加UW贴图，并设置相关参数，如下图所示。

步骤09 渲染摄影机视口，效果如下图所示。

步骤11 打开"漫反射贴图"面板，在"衰减参数"卷展栏中为其添加位图贴图，设置衰减类型为Fresnel，如下图所示。

步骤13 设置相关参数，在场景中即可看到为地毯添加了VR毛皮的效果，如下图所示。

步骤10 创建名为"地毯"的VRayMtl材质球，打开"贴图"卷展栏，为漫反射通道添加衰减贴图，实例复制到凹凸贴图，并设置凹凸值，如下图所示。

步骤12 选中地毯，在VRay创建命令面板中单击"VR毛皮"按钮，如下图所示。

步骤14 选择场景中的地毯，将地毯材质指定给选择对象，渲染摄影机视口，即可看到添加贴图的地毯效果，如下图所示。

8.3.2 设置家具材质

场景中的家具包括餐桌椅、高柜和矮柜，材质有木质、不锈钢、磨砂玻璃以及沙发布几种，下面来介绍如何创建这几种材质，其具体的操作步骤如下：

步骤01 创建名为"木纹"的VRayMtl材质球，设置反射颜色为灰色（色调：0；饱和度：0；亮度：20），设置反射光泽度，如下图所示。

步骤02 打开"贴图"卷展栏，为漫反射通道及凹凸通道添加位图贴图，如下图所示。

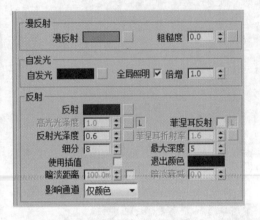

步骤03 选择场景中的家具，将木纹材质指定给选择对象，渲染摄影机视口，即可看到添加贴图的家具效果，如下图所示。

步骤04 创建名为"不锈钢"的VRayMtl材质球，设置漫反射颜色为白色，反射颜色为灰白色（色调：0；饱和度：0；亮度：20），设置反射光泽度，如下图所示。

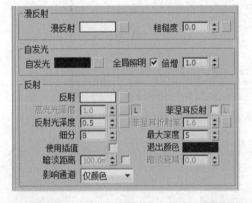

步骤05 选择场景中的物体，将不锈钢材质指定给选择对象，渲染摄影机视口，效果如右图所示。

步骤06 创建名为"沙发布"的VRayMtl材质球，为漫反射通道添加衰减贴图，设置衰减类型为Fresnel，并设置衰减颜色，如下图所示。

步骤07 选择场景中的物体，将沙发布材质指定给选择对象，渲染摄影机视口，效果如下图所示。

8.3.3 设置装饰品材质

本场景中有多种装饰品，包括花瓶、瓷器、水果和装饰画等，下面将对这些饰品材质的创建操作进行介绍：

步骤01 创建名为"白瓷"的VRayMtl材质球，设置漫反射颜色为白色，并为反射通道添加衰减贴图，设置反射光泽度，如下图所示。

步骤02 选择场景中的物体，将白瓷材质指定给选择对象，渲染摄影机视口，效果如下图所示。

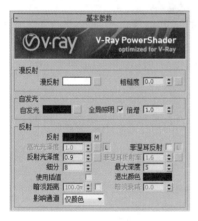

步骤03 同样创建其他颜色瓷器材质，并指定给对象，渲染摄影机视口，如右图所示。

步骤04 创建名为"装饰画"的VRayMtl材质球，为漫反射通道添加位图贴图，其余参数为默认设置，如下图所示。

步骤05 选择场景中的物体，将装饰画材质指定给选择对象，渲染摄影机视口，效果如下图所示。

步骤06 同样创建植物和水果的材质球，并将材质指定给物体对象，渲染摄影机视口，效果如右图所示。

8.3.4 设置灯具材质

本场景中包含吊灯及落地灯两种灯具，在设置材质时，首先设置灯具的灯罩材质，灯具的灯光效果会更加真实，场景整体光源也更加完善，下面介绍其操作步骤：

步骤01 创建名为"灯罩"的VRayMtl材质球，设置漫反射颜色为白色（色调：0；饱和度：0；高光：240），折射颜色为灰色（色调：0；饱和度：0；高光：45），勾选"影响阴影"复选框，如下图所示。

步骤02 选择场景中的物体，将灯罩材质指定给选择对象，渲染摄影机视口，效果如下图所示。

8.4 设置渲染参数并渲染

本节将介绍如何在渲染面板设置渲染正图的参数。通常是在测试完成后，不再需要对场景中的对象进行调整，才可以设置正图的渲染参数，进行正图的渲染。下面介绍其操作步骤：

步骤01 执行"渲染 > 渲染设置"命令，打开"渲染设置"对话框，在"公用"面板的"公用参数"卷展栏中设置输出大小，如下图所示。

步骤02 切换到V-Ray面板，在"帧缓冲区"卷展栏中勾选"从MAX中获取分辨率"复选框，这样渲染时将使用VRay自带的渲染帧，如下图所示。

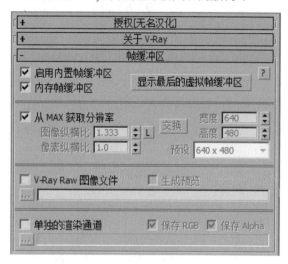

步骤03 打开"图像采样器"卷展栏，设置图像采样器类型为"自适应细分"，开启抗锯齿过滤器，设置类型为Mitchell-Netravali，如下图所示。

步骤04 切换到"间接照明"面板，打开"发光图"卷展栏，设置当前预置等级为"中"，半球细分值为50，插值采样值为30，如下图所示。

步骤05 打开"灯光缓存"卷展栏，设置细分值为1000，如下图所示。

步骤06 设置完成后保存文件，渲染摄影机视口，渲染出最终效果如下图所示。

8.5 效果图的后期处理

本节主要介绍如何在Photoshop中进行后期处理，使渲染出的图片更加精美、完善，下面介绍其操作步骤：

步骤01 在Photoshop中打开渲染好的"厨房.jpg"文件，单击图层面板下方的 ◎ 按钮，在弹出的菜单中选择"色阶"命令，创建色阶图层，按照下图参数进行色阶的调整。

步骤02 单击 ◎ 按钮，创建曲线图层，按照下图参数创建点并调整画面亮度。

步骤03 单击 ◎ 按钮，创建色彩平衡图层，在开启的"色彩平衡"面板中分别对"中间调"与"高光"进行参数设置，如右图所示。

步骤04 单击 ∅ 按钮，创建亮度/对比度图层，拖动滑块调整亮度及对比度，调整画面亮度和对比度，如下图所示。

步骤05 单击 ∅ 按钮，创建色相/饱和度图层，设置色彩的参数，如下图所示。

步骤06 单击 ∅ 按钮，创建照片滤镜图层，为画面添加蓝色滤镜，如下图所示。

步骤07 执行"图层>拼合图像"命令，将所有的图层拼合，接着执行"滤镜>锐化>USM锐化"命令，在开启的"USM锐化"对话框中设置数量值，如下图所示。

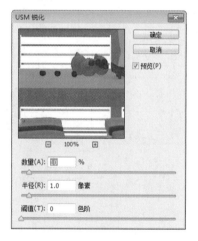

步骤08 单击"确定"按钮，即可完成效果图的后期处理，如右图所示。

Chapter

09

厨房场景的表现

本实例所要表现的是一个现代风格的厨房场景，整个创建过程包含了模型的创建、摄影机的创建、灯光及材质的创建、模型的渲染以及效果图的后期处理等。通过对本案例的学习，可以让读者回顾前面所介绍的知识内容，并进行综合利用，达到学以致用、举一反三的目的。

知识要点

① 模型的创建方法
② 摄影机的应用
③ 场景灯光的布置
④ 各种材质的创建
⑤ 效果图的后期处理技巧

上机安排

学习内容	学习时间
● 厨房主体模型的创建	35分钟
● 橱柜模型的创建	45分钟
● 材质的创建与赋予	45分钟
● 模型的渲染	30分钟
● 效果图的后期处理	15分钟

9.1 场景模型的创建

本节将介绍厨房模型的创建过程，整个创建过程大致包括厨房主题模型、门窗及栏杆模型，以及橱柜模型的制作。

9.1.1 制作厨房主体建筑模型

本场景中的厨房空间，外通一个阳台，光线较好，建筑主体模型的创建较为简单，下面对创建过程进行介绍：

步骤01 执行"文件＞导入"命令，从"选择要导入的文件"对话框中选择CAD平面文件，单击"打开"按钮，如下图所示。

步骤02 将平面图导入到当前视图中，如下图所示。

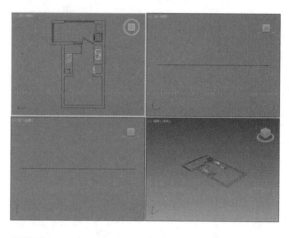

步骤03 开启捕捉开关，在创建命令面板中单击"线"按钮，在顶视图中捕捉绘制室内框线，如下图所示。

步骤04 关闭捕捉开关，为其添加挤出修改器，设置挤出值为3000，如下图所示。

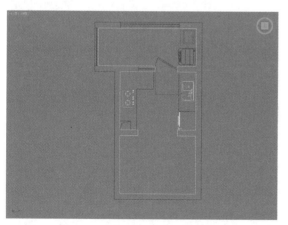
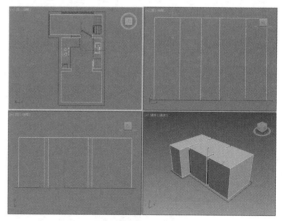

步骤05 将其转换为可编辑多边形，进入"边"子层级，选择两条边，如下图所示。

步骤06 单击"连接"按钮，设置连接边数为2，如下图所示。

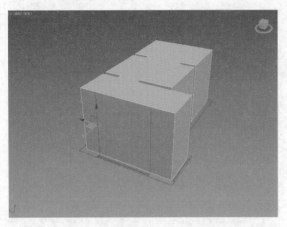

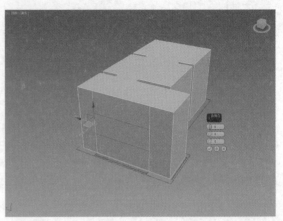

步骤07 调整新创建的两条边的高度，如下图所示。

步骤08 进入"多边形"子层级，选择多边形，如下图所示。

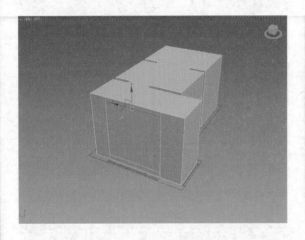

步骤09 单击"挤出"按钮，设置挤出值为300，如下图所示。

步骤10 按照上述操作步骤挤出另一侧多边形，如下图所示。

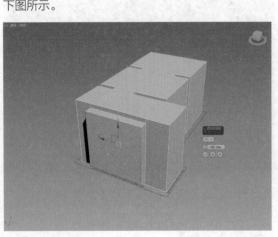

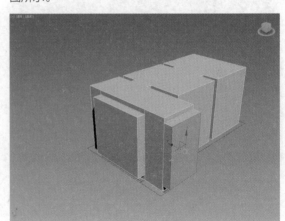

步骤11 选择并删除两处挤出的多边形，形成窗口，如下图所示。

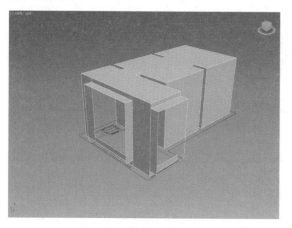

步骤12 将视口设置为线框模式，进入"边"子层级，选择如下图所示的四条边。

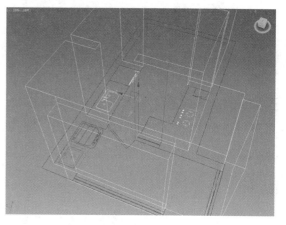

步骤13 单击"连接"按钮，设置连接值为2，如下图所示。

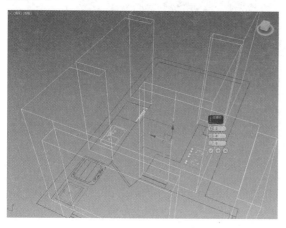

步骤14 调整边的高度，如下图所示。

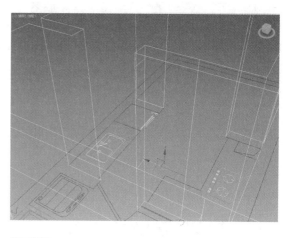

步骤15 选择边，继续单击"连接"按钮，设置连接值为1，如下图所示。

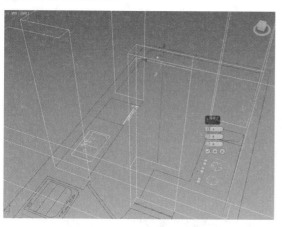

步骤16 在前视图中调整边的位置，如下图所示。

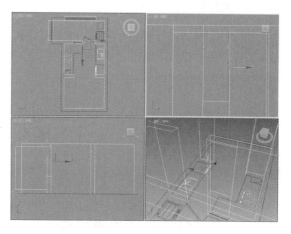

步骤17 进入"多边形"子层级，选择相对的两个多 边形，如下图所示。

步骤18 单击"桥"按钮，如下图所示。

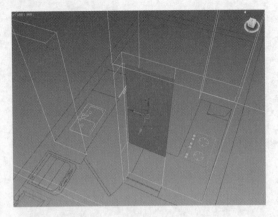

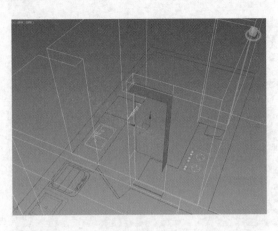

步骤19 按Ctrl+A全选多边形，单击"翻转"按钮， 再将视图设置为真实模式，如下图所示。

步骤20 在创建命令面板中单击"长方体"按钮，捕 捉创建一个长方体封闭阳台位置的门洞，如下图所示。

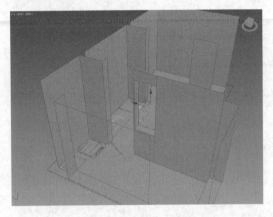

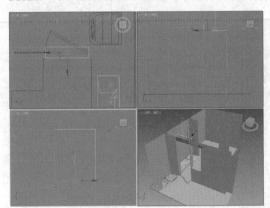

9.1.2 制作门窗及栏杆模型

场景中含门窗模型各一个，还需要制作阳台位置的栏杆模型，主要利用到挤出修改器以及放样工具，具体的操作过程如下：

步骤01 在创建命令面板中单击"矩形"按钮，在前 视图中捕捉门洞绘制一个矩形，如下图所示。

步骤02 将其转换为可编辑样条线，进入"线段"子 层级，选择线段，如下图所示。

步骤03 按Delete键删除，如下图所示。

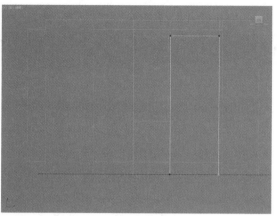

步骤04 在创建命令面板中单击"线"按钮，在顶视图中绘制样条线作为门套截面轮廓，如下图所示。

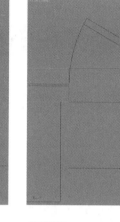

步骤05 选择矩形样条线，再单击复合对象面板中的"放样"按钮，单击"获取图形"按钮，单击拾取视图中的样条线，如下图所示。

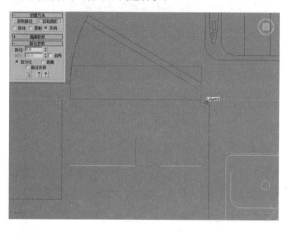

步骤06 调整边的位置，如下图所示。

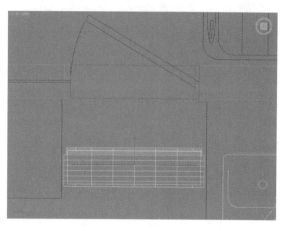

步骤07 进入"图形"子层级，使用"选择并旋转"功能，选择图形并旋转180°，制作出门套模型，如下图所示。

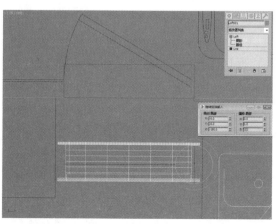

步骤08 调整门套模型的位置，如下图所示。

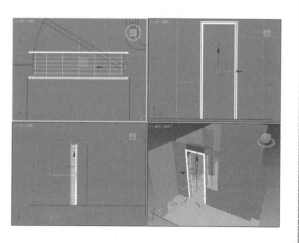

步骤09 在创建命令面板中单击"矩形"命令，在前视图中捕捉绘制一个矩形，如下图所示。

步骤10 将其转换为可编辑样条线，进入"样条线"子层级，设置轮廓值为60，如下图所示。

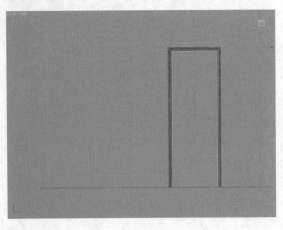

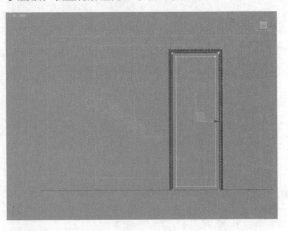

步骤11 为其添加挤出修改器，设置挤出值为80，并调整模型位置，如下图所示。

步骤12 在左视图中绘制一个矩形，如下图所示。

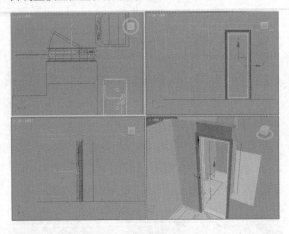

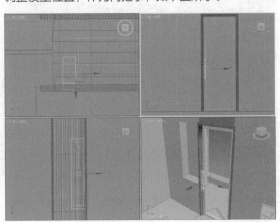

步骤13 将其转换为可编辑样条线，进入"样条线"子层级，设置轮廓值为20，如下图所示。

步骤14 为其添加挤出修改器，设置挤出值为40，调整模型位置，作为门把手，如下图所示。

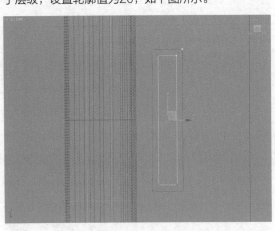

步骤15 在创建命令面板中单击"矩形"命令，在前视图中捕捉门框绘制矩形，如下图所示。

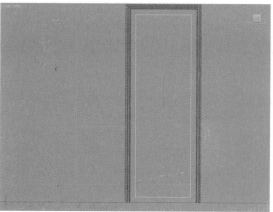

步骤16 为其添加挤出修改器，设置挤出值为12，调整位置，作为门玻璃，如下图所示。

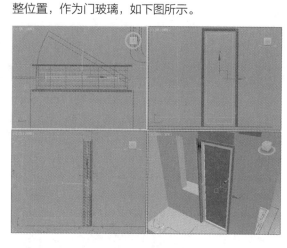

步骤17 将门模型成组，并旋转角度，如下图所示。

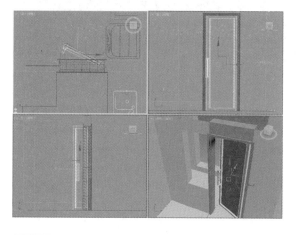

步骤18 按照上述制作门模型的方法再制作宽度厚度为40的窗户模型，将其成组，如下图所示。

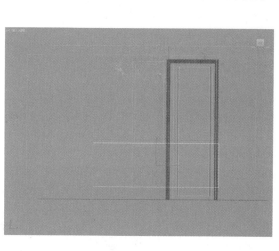

步骤19 在创建命令面板中单击"长方体"按钮，在顶视图创建一个长方体，调整位置，如下图所示。

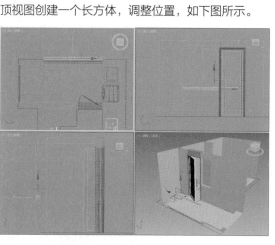

步骤20 在前视图中捕捉绘制一个矩形，如下图所示。

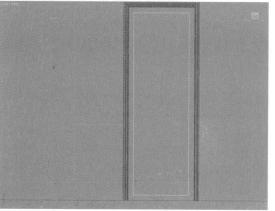

步骤21 添加挤出修改器，设置挤出值为12，如下图所示。

步骤22 再制作阳台另一侧栏杆模型，如下图所示。

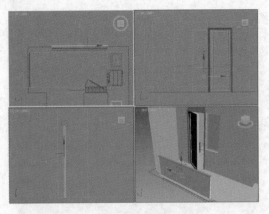

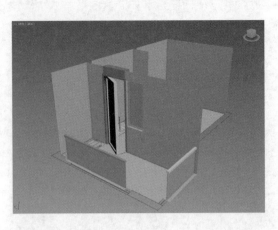

步骤23 选择墙体多边形，单击"附加"按钮，附加选择门洞上方的长方体，如下图所示。

步骤24 如此完善了墙体模型，门窗模型也已经完成，如下图所示。

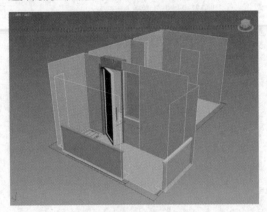

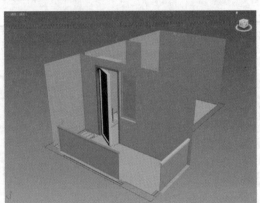

9.1.3 制作橱柜模型

橱柜分为地柜和吊柜两种，地柜又分为柜体、台面和隔水板三个部分，吊柜门分为实体不透明与半透明两种，在一侧的地柜上需要制作洗菜盆模型，具体的操作过程如下：

步骤01 在创建命令面板中单击"线"按钮，在顶视图中捕捉绘制样条线，如下图所示。

步骤02 进入"顶点"子层级，选择两个顶点，如下图所示。

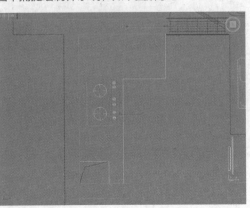

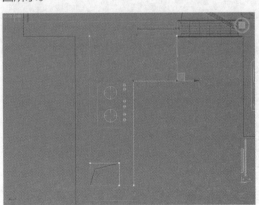

步骤03 设置圆角量为20，对顶点进行圆角操作，如下图所示。

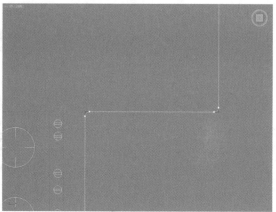

步骤04 为其添加挤出修改器，设置挤出值为50，调整模型高度，如下图所示。

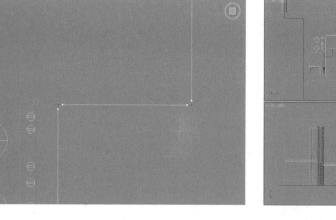

步骤05 将模型转换为可编辑多边形，进入"边"子层级，选择边，如下图所示。

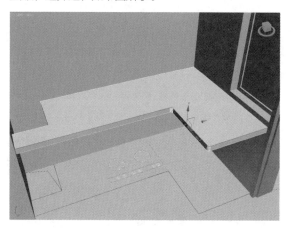

步骤06 单击"切角"按钮，设置切角量为5，创建出橱柜台面模型，如下图所示。

步骤07 在创建命令面板中单击"线"按钮，在左视图中绘制一个轮廓，如下图所示。

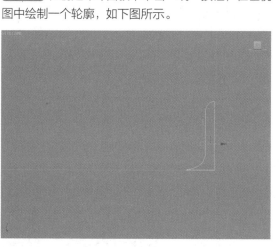

步骤08 进入"顶点"子层级，设置顶点类型为"Bezier角点"，调整样条线轮廓，如下图所示。

步骤09 在顶视图中绘制样条线，如下图所示。

步骤10 为其添加挤出修改器，设置挤出值为750，调整模型位置，如下图所示。

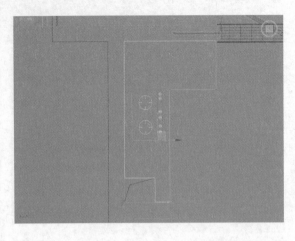

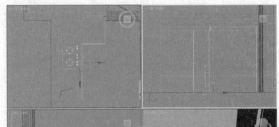

步骤11 将其转换为可编辑多边形，进入"边"子层级，选择多条变边单击"连接"按钮，设置连接数为3，如下图所示。

步骤12 进入"顶点"子层级，在前视图中选择顶点并调整位置，如下图所示。

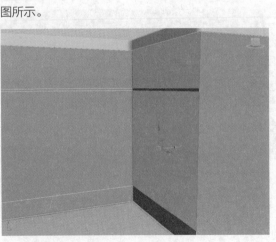

步骤13 进入"多边形"子层级，选择多边形，如下图所示。

步骤14 单击"挤出"按钮，设置挤出值为8，挤出橱柜门造型，如下图所示。

步骤15 再挤出另一侧橱柜门造型，如下图所示。

步骤16 选择踢脚区域的多边形，单击"挤出"按钮，设置挤出值为-10，如下图所示。

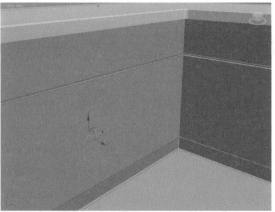

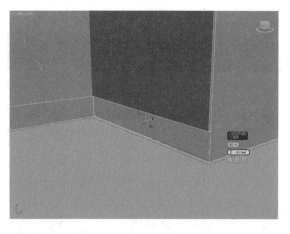

步骤17 再挤出另一侧踢脚，如下图所示。

步骤18 进入"边"子层级，选择柜门上的边，如下图所示。

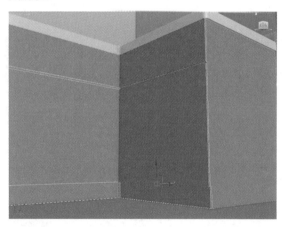

步骤19 单击"连接"按钮，设置连接数为1，如下图所示。

步骤20 选择橱柜另一侧的边，单击"连接"按钮，设置连接边数为3，如下图所示。

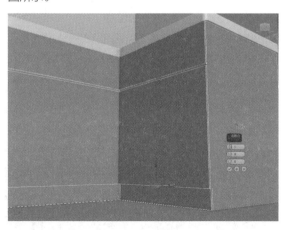

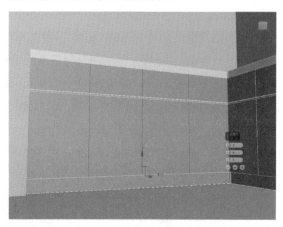

步骤21 选择多条边，单击"挤出"按钮，设置挤出高度为-10，挤出宽度为3，完成一侧地柜模型的创建，如下图所示。

步骤22 按照上述创建橱柜的操作方法，创建另一侧地柜的模型，如下图所示。

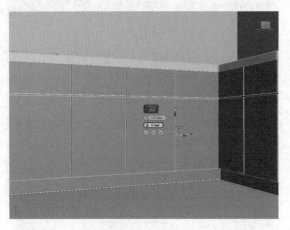

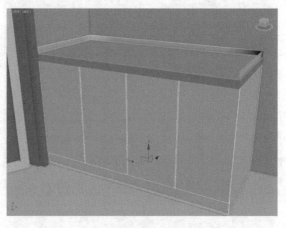

步骤23 在前视图中绘制样条线，如下图所示。

步骤24 为其添加挤出修改器，设置挤出值为330，制作出柜门把手模型，调整到合适位置，如下图所示。

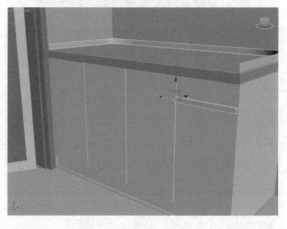

步骤25 复制把手模型并调整部分模型的挤出尺寸，如下图所示。

步骤26 在创建命令面板中单击"矩形"按钮，创建一个820×480的矩形，如下图所示。

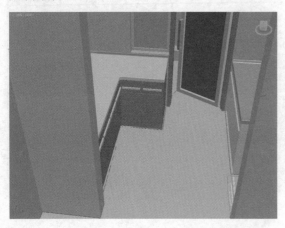

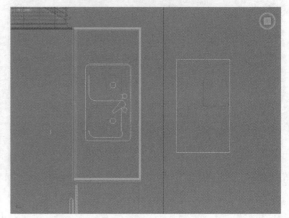

步骤27 在创建面板中取消勾选"开始新图形"复选框，继续创建矩形，设置矩形的尺寸为320×320，如下图所示。

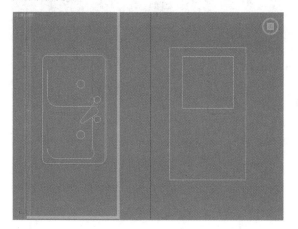

步骤28 进入"样条线"子层级，选择内部的矩形样条线，如下图所示。

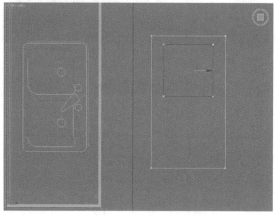

步骤29 按住Shift键向下进行复制，调整样条线位置，如下图所示。

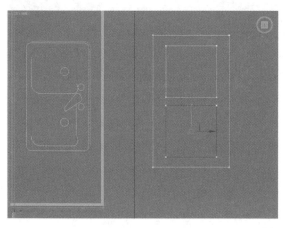

步骤30 进入"顶点"子层级，选择所有顶点，将Bezier角点转为角点，如下图所示。

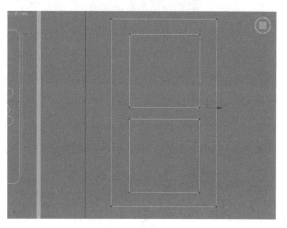

步骤31 单击"圆角"按钮，设置圆角尺寸为10，如下图所示。

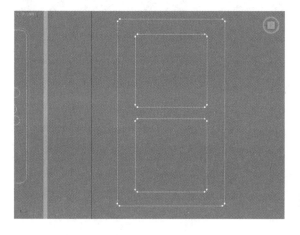

步骤32 为其添加挤出修改器，设置挤出值为22，如下图所示。

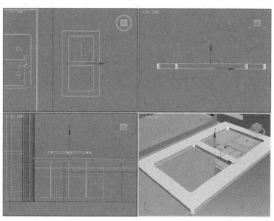

步骤33 进入"边"子层级，选择上方的周边，如下图所示。

步骤34 继续选择下方顶点，设置衰减值为80，如下图所示。

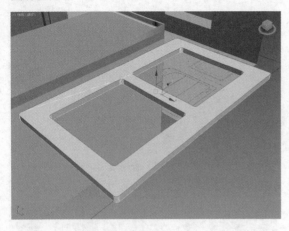

步骤35 在创建命令面板中单击"长方体"按钮，创建一320×320×150的长方体，调整位置，如下图所示。

步骤36 将长方体转换为可编辑多边形，进入"多边形"子层级，选择多边形，如下图所示。

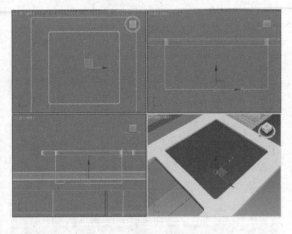

步骤37 单击"插入"按钮，设置插入值为8，如下图所示。

步骤38 单击"挤出"按钮，设置挤出值为-140，如下图所示。

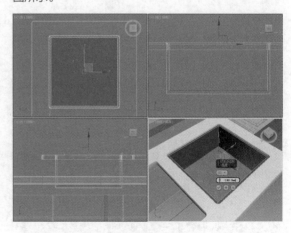

步骤39 进入"边"子层级，选择边，如下图所示。

步骤40 单击"切角"按钮，设置边切角量为3，如下图所示。

步骤41 复制模型到另一侧，如下图所示。

步骤42 选择外部模型，单击"附加"按钮，附加选择新创建的两个模型，如下图所示。

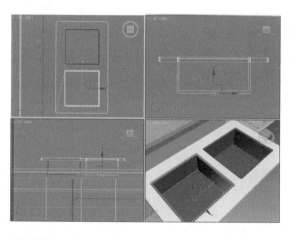

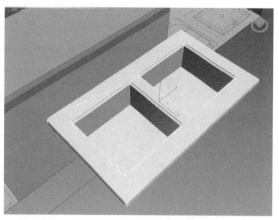

步骤43 在前视图中绘制一段样条线，如下图所示。

步骤44 进入"顶点"子层级，设置部分顶点为Bezier角点，调整控制柄，如下图所示。

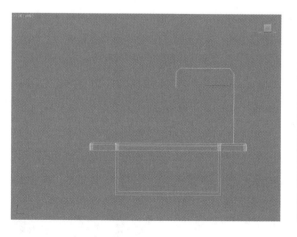

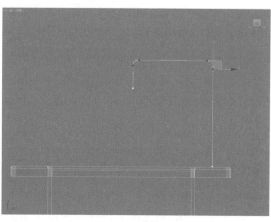

步骤45 在顶视图中绘制一个半径为10的圆，如下图所示。

步骤46 将圆形转换为可编辑样条线，进入"样条线"子层级，设置轮廓值为3，制作出同心圆图形，如下图所示。

步骤47 选择同心圆，在复合对象面板中单击"放样"按钮，再单击"获取路径"按钮，在视图中选择样条线，如下图所示。

步骤48 制作出水龙头造型，移动模型到合适位置，如下图所示。

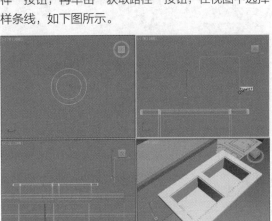

步骤49 将其转换为可编辑多边形，进入"边"子层级，选择下图所示的边。

步骤50 单击"挤出"按钮，设置挤出高度为-1，挤出宽度为2，如下图所示。

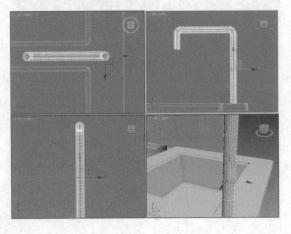

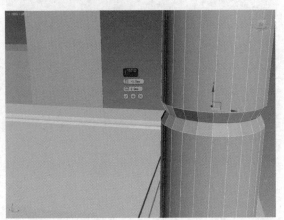

步骤51 在创建命令面板中单击"切角圆柱体"按钮，创建一个切角圆柱体，设置参数并调整到合适位置，如下图所示。

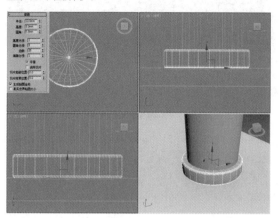

步骤53 继续创建切角圆柱体，调整参数及位置，如下图所示。

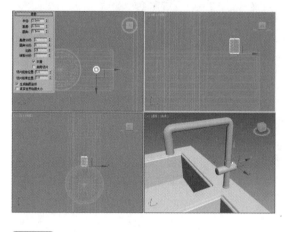

步骤55 选择水龙头主体模型，单击"附加"按钮，附加选择龙头其他部位，使其成为一个整体，至此洗菜盆模型完成，如下图所示。

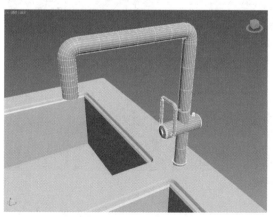

步骤52 再次创建切角圆柱体，设置参数并调整到合适位置，如下图所示。

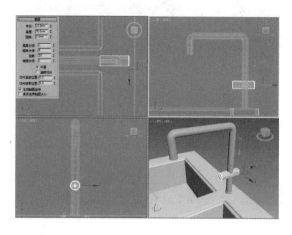

步骤54 创建一个矩形，设置长度宽度及角半径，再勾选"在渲染中启用"、"在视口中启用"复选框，设置径向厚度，如下图所示。

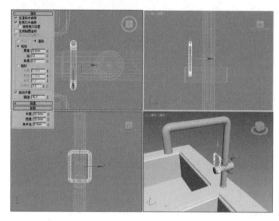

步骤56 将模型移动到合适位置，如下图所示。

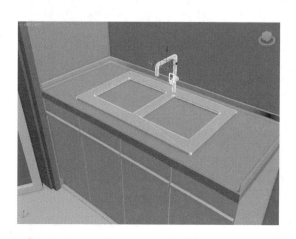

步骤57 创建一个长方体，移动到合适位置，如下图所示。

步骤58 向上复制模型，如下图所示。

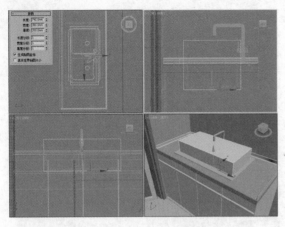

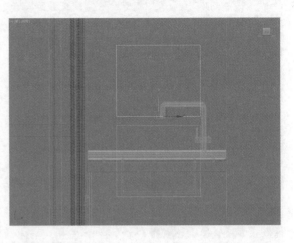

步骤59 选择橱柜台面，在复合对象面板中单击"布尔"按钮，拾取长方体模型，如下图所示。

步骤60 对橱柜台面进行布尔运算操作，如下图所示。

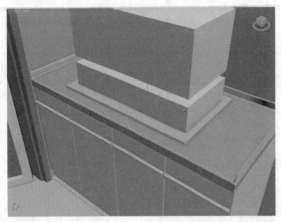

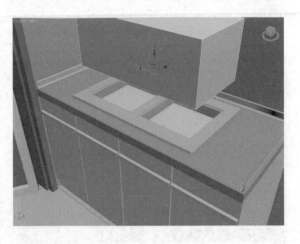

步骤61 将长方体向下移动，如下图所示。

步骤62 再对橱柜柜体进行布尔运算操作，如下图所示。

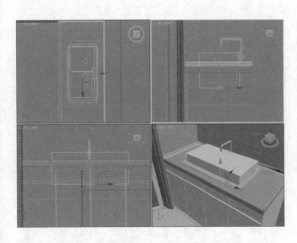

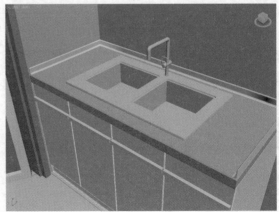

步骤63 创建一个长方体模型，移动到合适的位置，如下图所示。

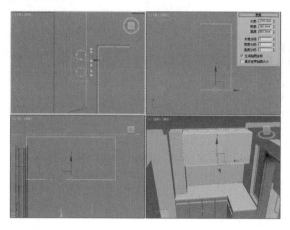

步骤64 将其转换为可编辑多边形，进入"边"子层级，选择横向的边，如下图所示。

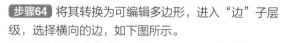
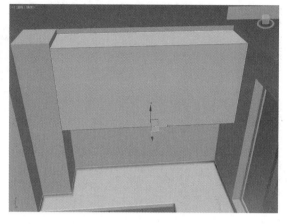

步骤65 单击"连接"按钮，设置连接边数为2，如下图所示。

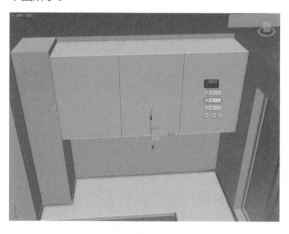

步骤66 沿Y轴移动边的位置，如下图所示。

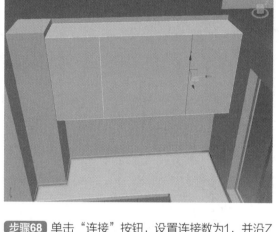

步骤67 选择两条边，如下图所示。

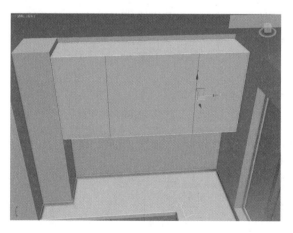

步骤68 单击"连接"按钮，设置连接数为1，并沿Z轴调整边的位置，如下图所示。

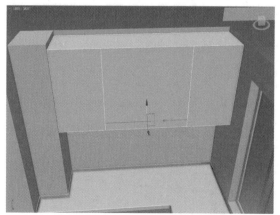

步骤69 调整边的位置，如下图所示。

步骤70 进入"多边形"子层级，选择多边形，再单击"挤出"按钮，设置挤出值为-360，如下图所示。

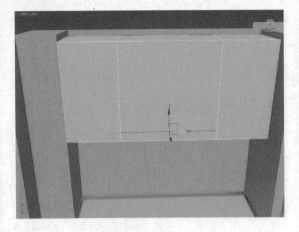

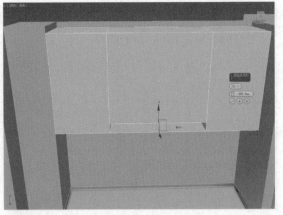

步骤71 删除多余的多边形和边，如下图所示。

步骤72 进入"多边形"子层级，选择多边形，如下图所示。

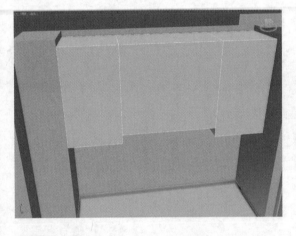

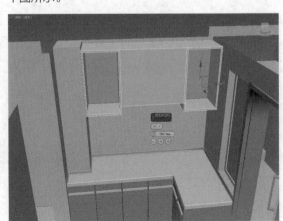

步骤73 单击"插入"按钮，设置插入值为20，如下图所示。

步骤74 单击"挤出"按钮，设置挤出值为-360，如下图所示。

步骤75 进入"边"子层级，选择两条边，如下图所示。

步骤76 单击"连接"按钮，设置连接边数为2，如下图所示。

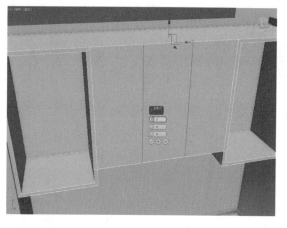

步骤77 调整两条边的位置，如下图所示。

步骤78 进入"多边形"子层级，选择两个多边形，如下图所示。

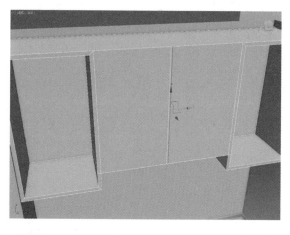

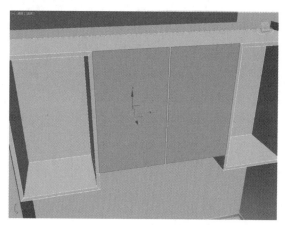

步骤79 单击"挤出"按钮，设置挤出值为18，如下图所示。

步骤80 创建一个长方体，设置其参数，并调整位置，如下图所示。

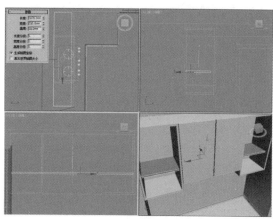

步骤81 向上复制模型，调整至合适的位置，如下图所示。

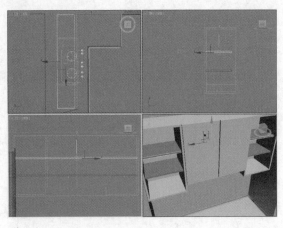

步骤82 在吊柜位置捕捉绘制一个矩形，如下图所示。

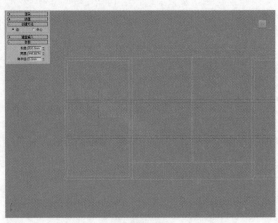

步骤83 将其转换为可编辑样条线，进入"样条线"子层级，设置轮廓值为20，如下图所示。

步骤84 为其添加挤出修改器，设置挤出值为20，调整模型位置，如下图所示。

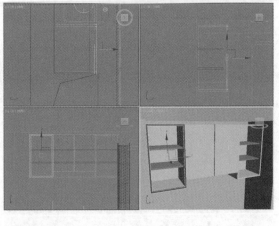

步骤85 将其转换为可编辑多边形，进入"多边形"子层级，选择多边形，如下图所示。

步骤86 单击"倒角"按钮，设置倒角高度及倒角轮廓值，如下图所示。

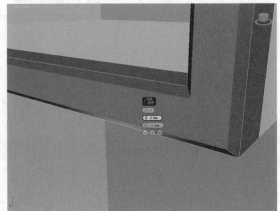

步骤87 捕捉内框创建一个矩形，如下图所示。

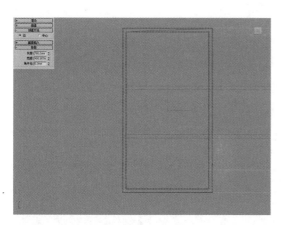

步骤88 为其添加挤出修改器，设置挤出值为10，调整到合适位置，如下图所示。

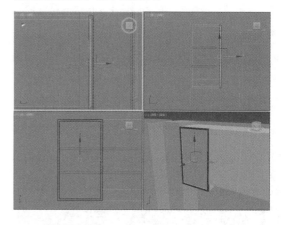

步骤89 复制模型到另一侧，如下图所示。

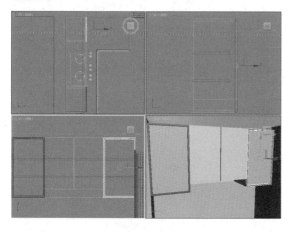

步骤90 再复制柜门拉手模型到吊柜，如下图所示。

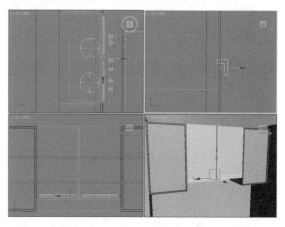

步骤91 按照前面介绍的操作步骤，制作洗菜盆上方的吊柜模型，完成厨房橱柜模型的制作，如下图所示。

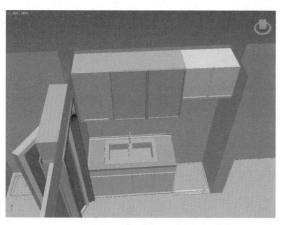

步骤92 最后为场景添加其他成品模型，如厨具和电器等，调整到合适的位置，如下图所示。

9.2 创建摄影机

接下来要创建摄影机，以便于观察场景及后期渲染出图，操作步骤如下：

步骤01 在"显示"面板中勾选"图形"复选框，隐藏图形类别，如下图所示。

步骤02 在顶视图中创建一架摄影机，如下图所示。

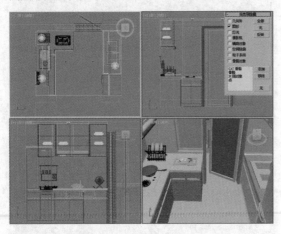 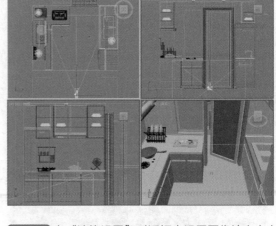

步骤03 在修改命令面板中设置摄影机参数，再调整摄影机角度及高度，如下图所示。

步骤04 在"渲染设置"对话框中设置图像输出大小的参数，如下图所示。

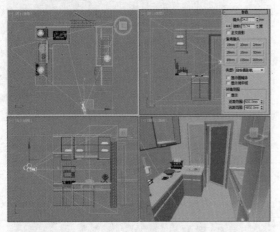 

步骤05 在透视视口中按C键转到摄影机视口，并设置摄影机视口显示安全框，如右图所示。

9.3 创建并赋予材质

下面要为场景中的模型创建材质，所导入的成品模型本身具有材质，这里就只对创建的模型材质进行创建，操作步骤如下：

步骤01 按M键打开材质编辑器，选择一个空白材质球，将其设置为VrayMtl材质，设置漫反射颜色为白色，如下图所示。

步骤02 创建好的白色乳胶漆材质效果如下图所示。

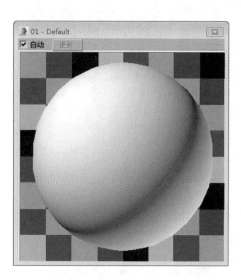

步骤03 选择一个空白材质球，将其设置为VrayMtl材质，为漫反射添加平铺贴图，设置反射颜色及反射参数，如下图所示。

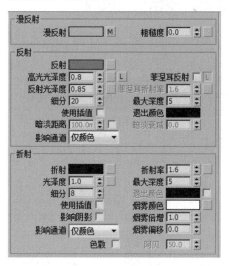

步骤04 反射颜色的设置如下图所示。

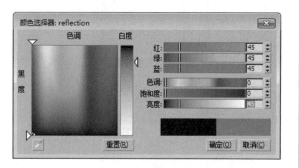

步骤05 在"双向反射分布函数"卷展栏中设置函数类型为"多面"，如下图所示。

步骤06 在"高级控制"卷展栏中为平铺设置添加位图贴图，设置水平数与垂直数，再设置砖缝纹理颜色，以及随机种子量，参数设置如下图所示。

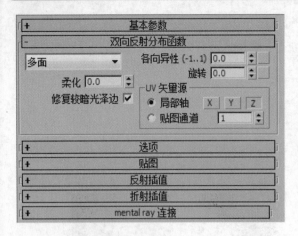

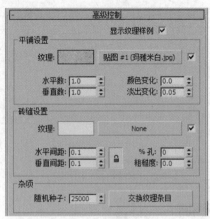

步骤07 砖缝颜色设置如下图所示。

步骤08 创建好的墙砖材质效果如下图所示。

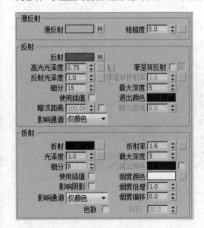

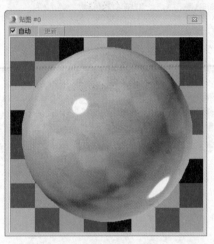

步骤09 选择一个空白材质球，将其设置为VrayMtl 材质，设置反射颜色及参数，如下图所示。

步骤10 在"双向反射分布函数"卷展栏中设置函数 类型为"多面"，如下图所示。

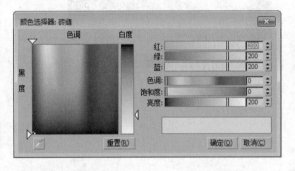

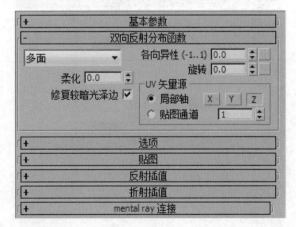

步骤11 进入平铺贴图设置，在"高级控制"卷展栏 中为平铺设置添加位图贴图，设置水平数与垂直数，再 设置砖缝纹理颜色，以及随机种子量，如下图所示。

步骤12 在"衰减参数"卷展栏中设置衰减颜色，如 下图所示。

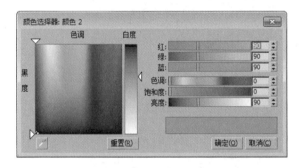

步骤13 衰减颜色设置如下图所示。

步骤14 创建好的地面材质效果如下图所示。

步骤15 将地面多边形从模型中分离出来，再将所创建的材质分别制定给场景中的对象，并分别为其添加UVW贴图，设置参数，如下图所示。

步骤16 选择一个空白材质球，将其设置为VrayMtl材质，设置漫反射颜色与折射颜色为白色，设置反射颜色、反射参数及折射参数，如下图所示。

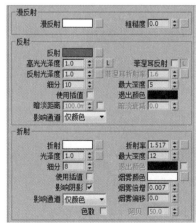

步骤17 反射颜色设置如下图所示。

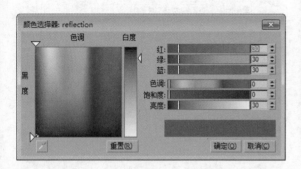

步骤18 设置好的玻璃材质效果如下图所示。

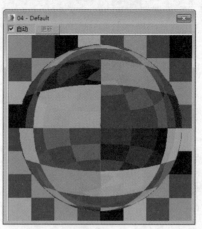

步骤19 选择一个空白材质球，将其设置为VrayMtl材质，设置漫反射颜色及反射颜色，再设置反射参数，如下图所示。

步骤20 漫反射颜色及反射颜色设置如下图所示。

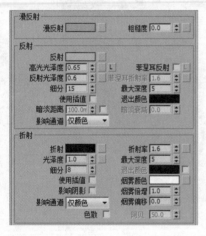

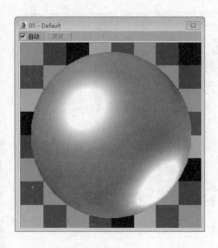

步骤21 创建好的窗框材质效果如下图所示。

步骤22 选择一个空白材质球，将其设置为VrayMtl材质，设置反射颜色和参数，效果如下图所示。

步骤23 反射颜色设置如下图所示。

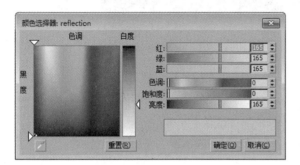

步骤24 在"双向反射分布函数"卷展栏中设置参数,如下图所示。

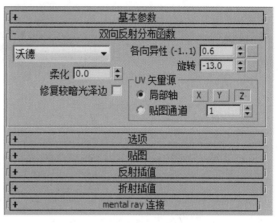

步骤25 创建好的橱柜门拉手不锈钢材质效果如下图所示。

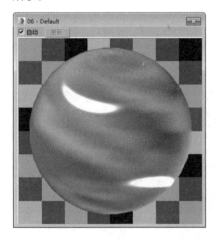

步骤26 将创建好的各种材质指定给场中的模型对象,如下图所示。

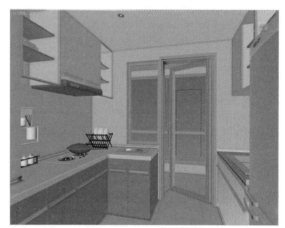

步骤27 选择一个空白材质球,将其设置为VrayMtl材质,为漫反射通道添加位图贴图,为反射通道添加衰减贴图,设置反射参数,如下图所示。

步骤28 在"衰减参数"卷展栏中设置衰减颜色,如下图所示。

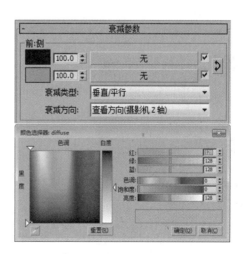

步骤29 在"双向反射分布函数"卷展栏中设置参数，如下图所示。

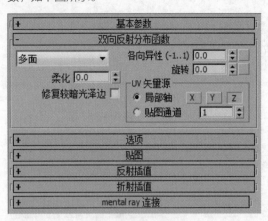

步骤30 创建好的橱柜台面材质效果如下图所示。

步骤31 选择一个空白材质球，将其设置为VrayMtl材质，为漫反射通道添加位图贴图，设置反射颜色及反射参数，如下图所示。

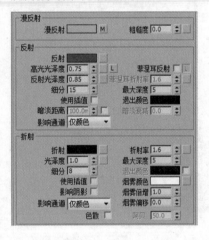

步骤32 反射颜色设置如下图所示。

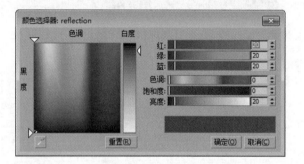

步骤33 创建好的橱柜柜门木纹材质效果如下图所示。

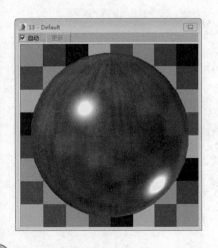

步骤34 选择一个空白材质球，将其设置为VrayMtl材质，设置漫反射颜色为白色，为反射通道添加衰减贴图，再设置反射参数，如下图所示。

步骤35 在"衰减参数"卷展栏中设置衰减类型,如下图所示。

步骤36 创建好的白瓷材质效果如下图所示。

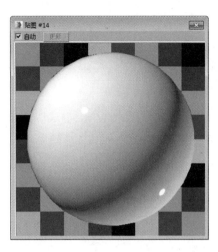

步骤37 将创建好的材质指定给场景中的橱柜等模型,如下图所示。

步骤38 渲染摄影机视口,效果如下图所示。这是未对场景设置光源以及渲染设置下的效果。

知识链接 ▶ **VRayMtl可以替代3ds Max**

VRayMtl可以替代3ds Max的默认材质,使用它可以方便快捷地表现出物体的反射、折射效果,还可以表现出真实的次表面散射效果,如皮肤、玉石等物体的半透明效果。

9.4 场景光源的创建以及渲染设置

本小节中将对场景的室内和室外光源进行创建,并设置测试渲染参数,操作过程如下:

步骤01 打开"渲染设置"对话框,在"帧缓冲区"卷展栏中取消勾选"启用内置帧缓冲区"复选框,在"图像采样器"卷展栏中设置最小着色速率为1,设置过滤器类型,如下图所示。

步骤02 在"全局照明"卷展栏中启用全局照明,设置二次引擎为"灯光缓存",在"发光图"卷展栏中设置预设值模式及细分采样值等,在"灯光缓存"卷展栏中设置细分值,如下图所示。

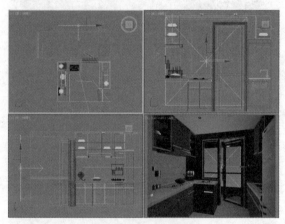

步骤03 在"系统"卷展栏中设置序列模式以及动态内存限制值，如下图所示。

步骤04 在前视图中创建一盏VRay灯光，调整到合适位置，如下图所示。

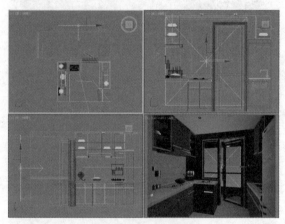

步骤05 渲染摄影机视口，效果如下图所示。

步骤06 设置灯光颜色及倍增强度，勾选"不可见"复选框，再设置采样细分值，如下图所示。

步骤07 灯光颜色参数设置如下图所示。

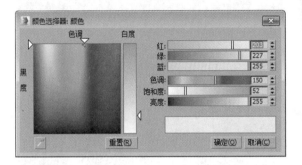

步骤08 再次渲染摄影机视口，效果如下图所示。

步骤09 继续在前视图中创建VRay灯光，设置灯光参数并调整到合适位置，如下图所示。

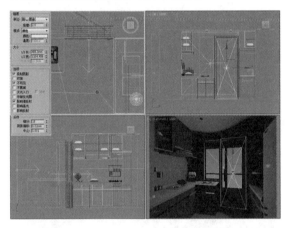

步骤10 渲染摄影机视口，效果如下图所示。

步骤11 在摄影机后方创建一个VRay灯光，设置灯光颜色及强度等参数并调整位置，如下图所示。

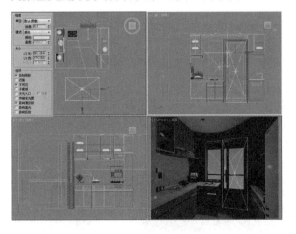

步骤12 灯光颜色参数设置如下图所示。

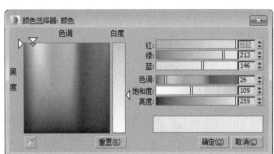

步骤13 渲染摄影机视口，效果如下图所示。

步骤14 在前视图中创建一个自由灯光，调整灯光位置，如下图所示。

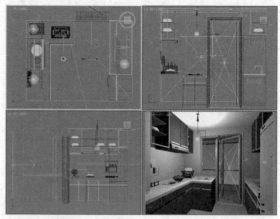

步骤15 启用VR阴影，为其添加光域网，并调整灯光颜色，如下图所示。

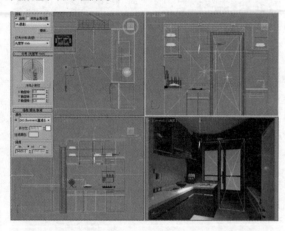

步骤16 渲染摄影机视口，效果如下图所示。

步骤17 从效果图中可以看到，自由灯光的亮度较强，这里调整灯光强度为18000，如下图所示。

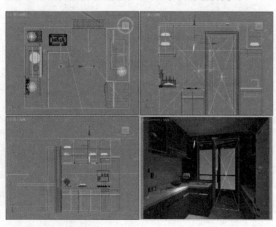

步骤18 渲染摄影机视口，效果如下图所示。

步骤19 复制灯光到另一侧，调整角度，如下图所示。

步骤20 渲染摄影机视口，效果如下图所示。

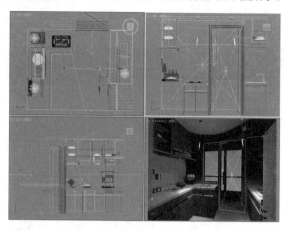

步骤21 打开材质编辑器，选择一个空白材质球，设置为VR灯光材质，为其添加位图贴图，再设置颜色强度值，如下图所示。

步骤22 创建好的材质效果如下图所示。

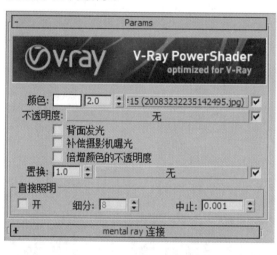

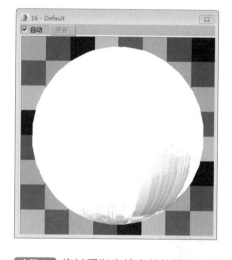

步骤23 在前视图中创建一个长方体，调整到室外合适位置，如下图所示。

步骤24 将材质指定给室外的模型，渲染摄影机视口，效果如下图所示。

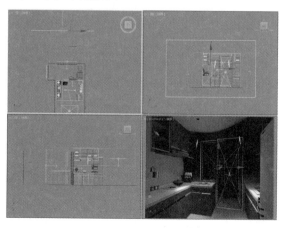

步骤25 当对设置后的效果比较满意时,打开"渲染设置"对话框,重新设置输出尺寸,如下图所示。

步骤26 在"全局确定性蒙特卡洛"卷展栏中设置噪波阀值及最小采样值,勾选"时间独立"复选框,如下图所示。

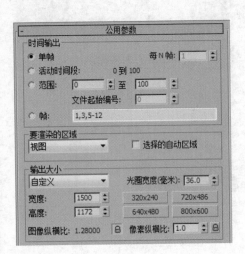

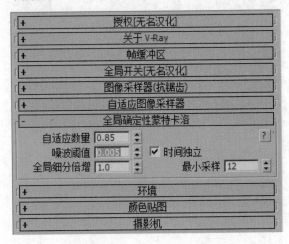

步骤27 在"发光图"卷辰栏中设置预设等级,再设置细分及采样值,接着在"灯光缓存"卷展栏中设置细分值,如下图所示。

步骤28 渲染摄影机视口,最终效果如下图所示。

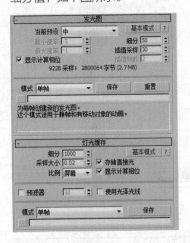

9.5 效果图后期处理

效果图后期处理是效果图制作较为重要的一个部分,可以弥补渲染效果中的一些不足,比如整体亮度、颜色饱和度以及一些瑕疵的处理,这需要读者对Photoshop软件有一定的操作基础。具体操作步骤如下:

步骤01 打开渲染效果,如下图所示。

步骤02 执行"图像 > 调整 > 亮度/对比度"命令,打开"亮度/对比度"对话框,调整亮度以及对比度,勾选"预览"复选框,可以看到整体效果变亮,并且明暗对比增强,如下图所示。

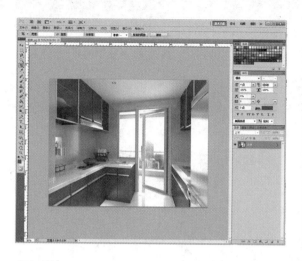

步骤03 执行"图像＞调整＞色相/饱和度"命令，打开"色相/饱和度"对话框，调整黄色的饱和度，如下图所示。

步骤04 执行"图像＞调整＞曲线"命令，打开"曲线"对话框，调整曲线形状，如下图所示。

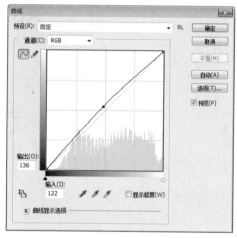

步骤05 复制图层，设置图层不透明度为30%，再设置图层类型为"正片叠底"，完成效果图的调整，如下图所示。

步骤06 厨房场景的最终效果如下图所示。

Chapter

10

办公楼场景的
表现

本章利用所学习的知识，创建一个室外的办公楼模型并制作场景效果，在制作过程更加深入掌握3ds Max的相关建模知识，通过对创建流程的讲解，让读者更加熟练地掌握多边形建模的方法以及室外场景效果的设置。

知识要点

① 使用样条线创建模型
② 多边形建模知识
③ 室外灯光处理

上机安排

学习内容	学习时间
● 办公楼主体模型的创建	60分钟
● 窗户及栏杆模型的创建	30分钟
● 摄影机的创建	10分钟
● 材质的添加	30分钟
● 渲染设置	20分钟

10.1 办公楼模型的创建

办公楼模型的创建是3D建模中较常见的，除了办公楼主体模型，还有室外地面场景的制作，应用所学知识用户可以制作出非常逼真的场景效果。

10.1.1 创建建筑主体模型

建筑主体的门窗重复较多，因此在进行墙体建模时，利用多边形建模的连接线功能可以很好地创建模型。下面将对建筑主体模型的创建过程进行介绍：

步骤01 在左视图中绘制一个样条线图形，如下图所示。

步骤02 添加挤出修改器，设置挤出值为17000，如下图所示。

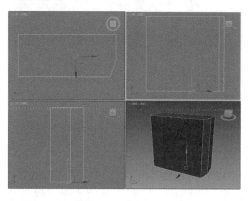

步骤03 将模型转换为可编辑多边形，进入"边"子层级，选择边，如下图所示。

步骤04 单击"连接"按钮，设置连接数为21，如下图所示。

步骤05 调整边的位置，如右图所示。

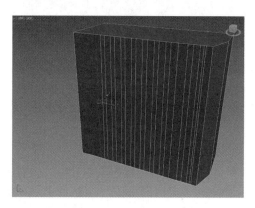

步骤06 选择边，如下图所示。

步骤07 单击"连接"按钮，设置连接值为18，如下图所示。

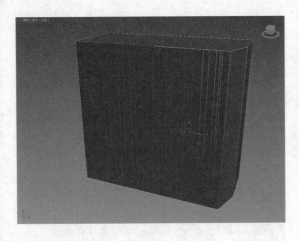

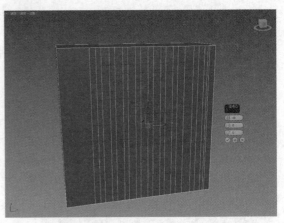

步骤08 在前视图中绘制一个样条线图形，如下图所示。

步骤09 进入"边"子层级，选择边，如下图所示。

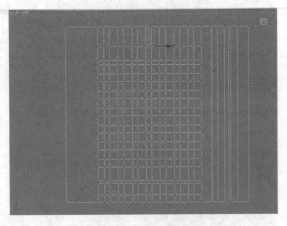

步骤10 单击"连接"按钮，设置连接数为21，如下图所示。

步骤11 进入"顶点"子层级，调整顶点位置，如下图所示。

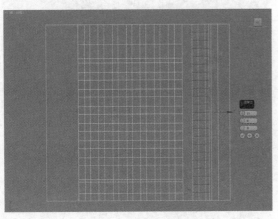

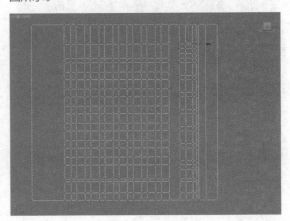

步骤12 进入"边"子层级，选择边，如下图所示。

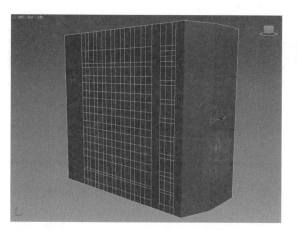

步骤13 单击"连接"按钮，设置连接数为12，如下图所示。

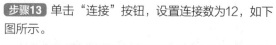
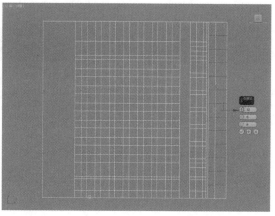

步骤14 进入"边"子层级，选择下图所示的边。

步骤15 单击"连接"按钮，设置连接数为12，如下图所示。

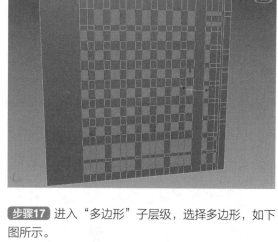

步骤16 进入"顶点"子层级，调整顶点位置，如下图所示。

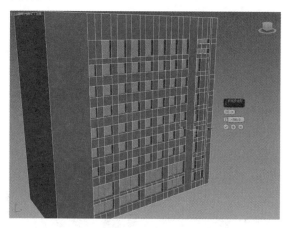

步骤17 进入"多边形"子层级，选择多边形，如下图所示。

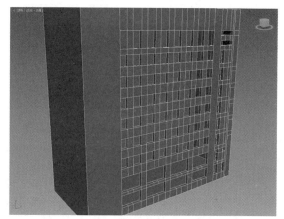

步骤18 单击"挤出"按钮，设置挤出值为-300，如下图所示。

步骤19 按住Delete键删除所选多边形，如下图所示。

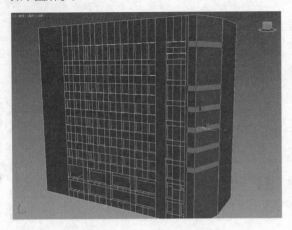

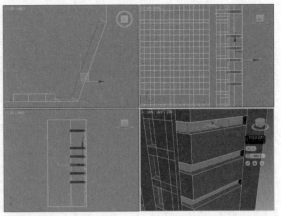

步骤20 继续选择多边形，如下图所示。

步骤21 单击"挤出"按钮，设置挤出值为-300，可以看到由于角度问题，所挤出的多边形出现了变形，如下图所示。

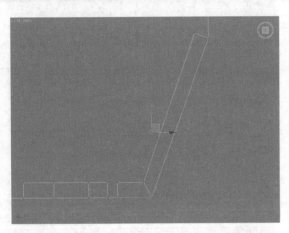

步骤22 进入"顶点"子层级，在顶视图中调整顶点位置，如下图所示。

步骤23 进入"多边形"子层级，按Delete键删除多边形，如下图所示。

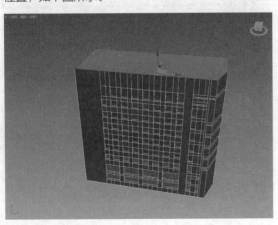

步骤24 再选择多边形，如下图所示。

步骤25 单击"挤出"按钮，设置挤出值为1500，如下图所示。

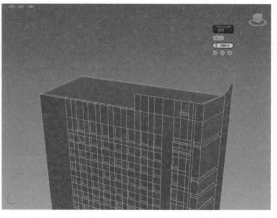

步骤26 进入"顶点"子层级，将所有顶点类型设置为角点，如下图所示。

步骤27 单击"连接"按钮，设置连接数为2，如下图所示。

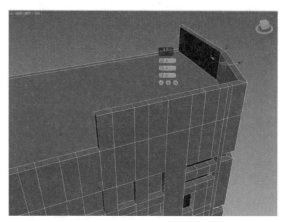

步骤28 在前视图中向上复制模型，如下图所示。

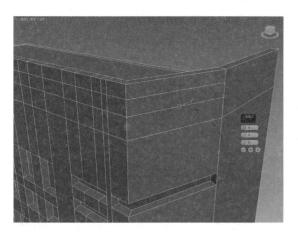

步骤29 进入"多边形"子层级，选择墙体两侧的多边形，如下图所示。

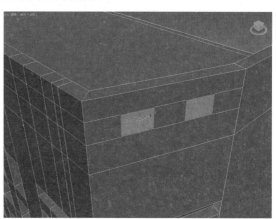

步骤30 单击"桥"按钮，制作出窗洞，如下图所示。

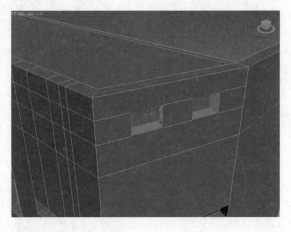

步骤31 在顶视图中捕捉绘制一个样条线，如下图所示。

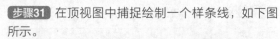

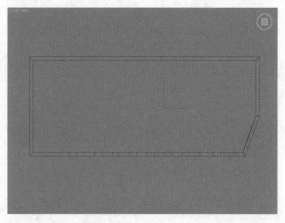

步骤32 添加挤出修改器，设置挤出值为200，调整到合适位置，如下图所示。

步骤33 向上复制多个模型，调整到合适位置，如下图所示。

步骤34 创建一个圆柱体，调整参数及位置，如下图所示。

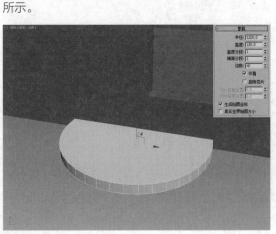

步骤35 向上复制多个模型，分别调整半径参数，如下图所示。

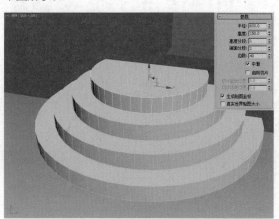

步骤36 继续向上复制多个圆柱体，调整参数及位置，如下图所示。

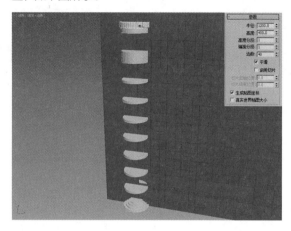

步骤37 选择最上方圆柱体，将其转换为可编辑多边形，进入"边"子层级，选择竖向的边，如下图所示。

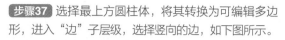
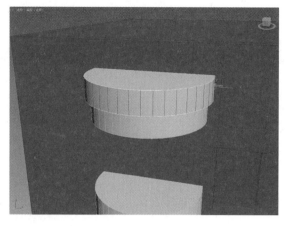

步骤38 单击"连接"按钮，设置连接数为1，如下图所示。

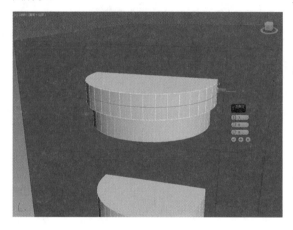

步骤39 调整边的位置，如下图所示。

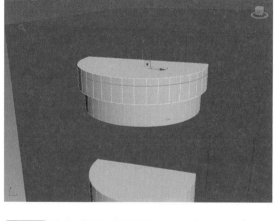

步骤40 进入"顶点"子层级，选择如下图所示。

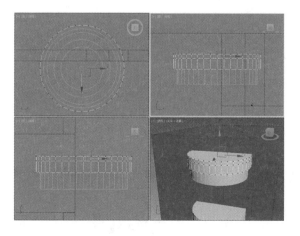

步骤41 使用"选择并缩放"工具，在顶视图中对所选顶点进行缩放，如下图所示。

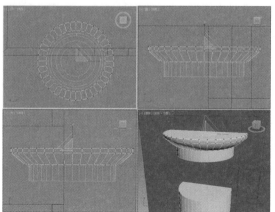

步骤42 创建一个长方体，移动到合适位置，如下图所示。

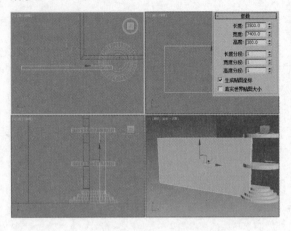

步骤43 将其转换为可编辑多边形，选择边，如下图所示。

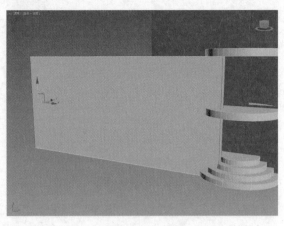

步骤44 单击"连接"按钮，设置连接数为2，如下图所示。

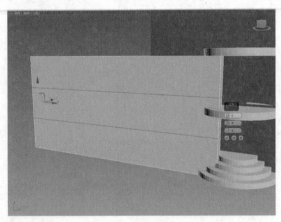

步骤45 调整边的位置，如下图所示。

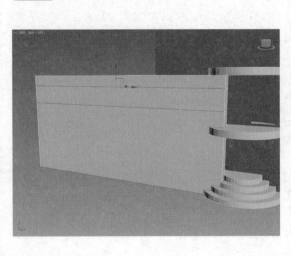

步骤46 选择边，如下图所示。

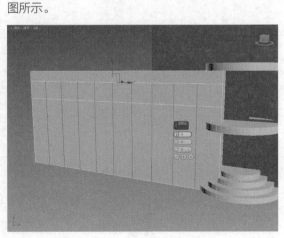

步骤47 单击"连接"按钮，设置连接数为9，如下图所示。

步骤48 进入"顶点"子层级，调整顶点位置，如下图所示。

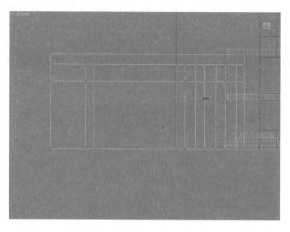

步骤49 进入"多边形"子层级，选择两侧的多边形，如下图所示。

步骤50 单击"桥"按钮，制作出窗洞以及门洞，如下图所示。

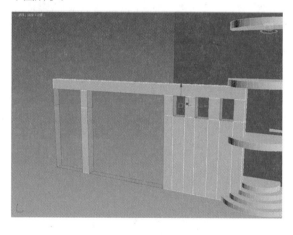

步骤51 删除多余的多边形，如下图所示。

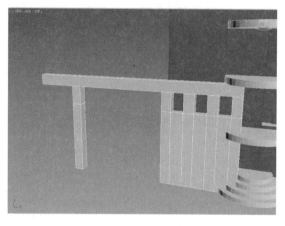

步骤52 创建一个长方体，移动到合适位置，如下图所示。

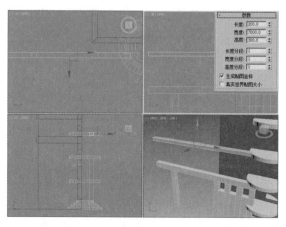

步骤53 向上复制多个模型，并调整位置，如下图所示。

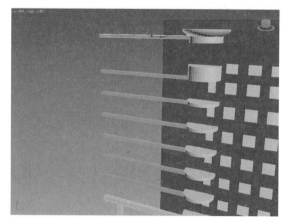

步骤54 在顶视图中绘制样条线，如下图所示。

步骤55 进入"样条线"子层级，设置轮廓值为200，如下图所示。

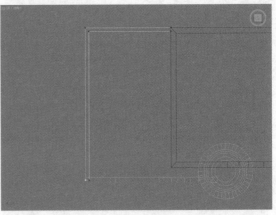

步骤56 添加挤出修改器，设置挤出值为12800，调整模型位置，如下图所示。

步骤57 继续绘制一个样条线图形，如下图所示。

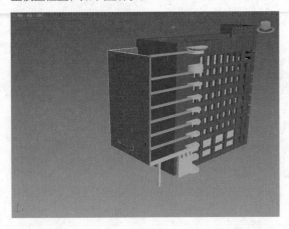

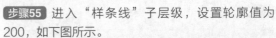

步骤58 添加挤出修改器，设置挤出值为150，如下图所示。

步骤59 向上复制多个模型，调整到合适位置，如下图所示。

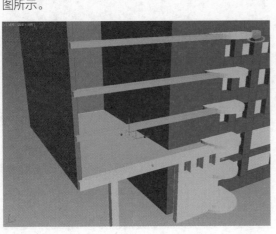

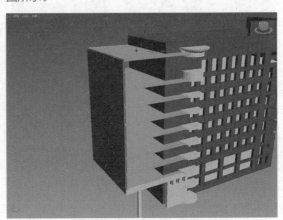

步骤60 创建一个半径3000，高度100的圆柱体模型，调整到合适位置，如下图所示。

步骤61 向上复制圆柱体，调整半径为2700，如下图所示。

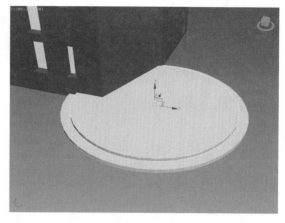

步骤62 在顶视图中绘制一个圆，设置步数值，如下图所示。

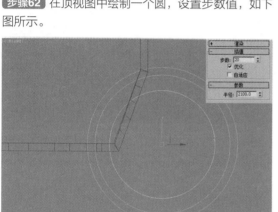

步骤63 将其转换为可编辑样条线，进入"样条线"子层级，设置轮廓值为300，如下图所示。

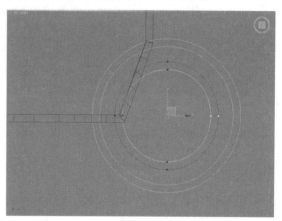

步骤64 为其添加挤出修改器，设置挤出值为4000，如下图所示。

步骤65 将其转换为可编辑多边形，进入"边"子层级，选择边，如下图所示。

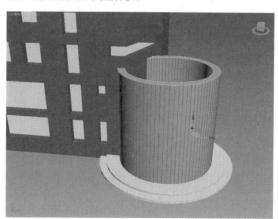

步骤66 单击"连接"按钮，设置连接数为3，如下图所示。

步骤67 进入"顶点"子层级，调整顶点位置，如下图所示。

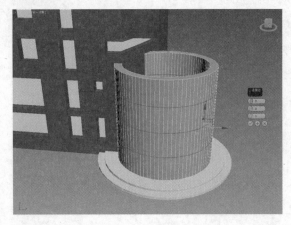

步骤68 进入"多边形"子层级，选择内外两侧的多边形，如下图所示。

步骤69 单击"桥"按钮，制作出门洞和窗洞，如下图所示。

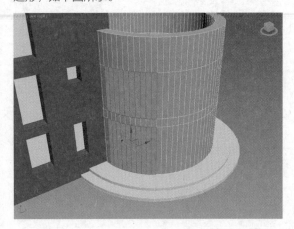

步骤70 照此操作方法完成该部分建筑门洞和窗洞的制作，如下图所示。

步骤71 创建一个半径1800、高度100的圆柱体，调整到合适位置，如下图所示。

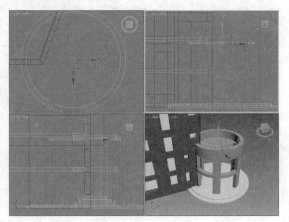

步骤72 向下复制圆柱体，调整到合适位置，如下图所示。

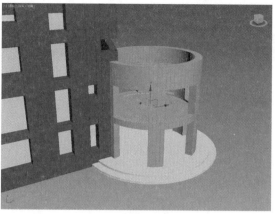

步骤73 在顶视图中绘制一个样条线图形，如下图所示。

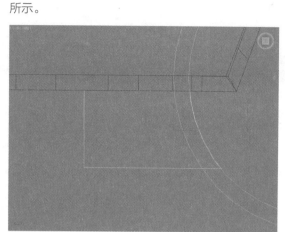

步骤74 进入"顶点"子层级，调整路径顶点位置，如下图所示。

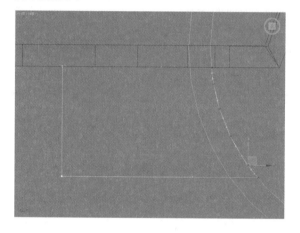

步骤75 添加挤出修改器，设置挤出值为200，如下图所示。

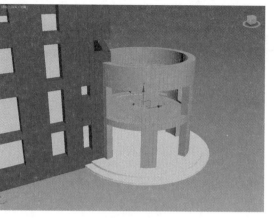

步骤76 将其转换为可编辑多边形，进入"顶点"子层级，选择顶点，如下图所示。

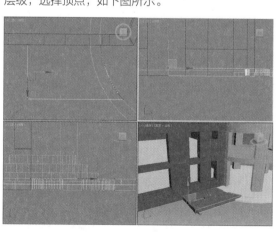

步骤77 调整顶点在Z轴的高度为0，如下图所示。

步骤78 在前视图中绘制一个17000×12100的矩形，如下图所示。

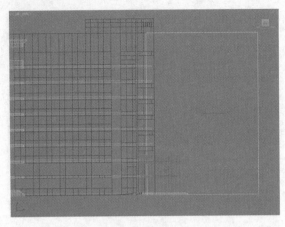

步骤79 添加挤出修改器，设置挤出值为300，如下图所示。

步骤80 将其转换为可编辑多边形，进入"边"子层级，选择边，如下图所示。

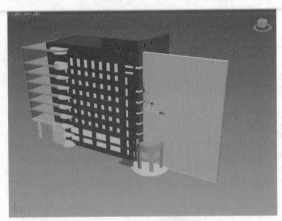

步骤81 单击"连接"按钮，设置连接数为20，如下图所示。

步骤82 再选择横向的边，如下图所示。

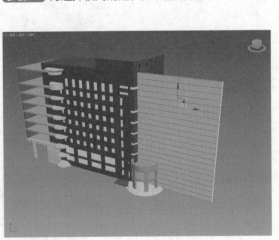

步骤83 单击"连接"按钮，设置连接数为14，如下图所示。

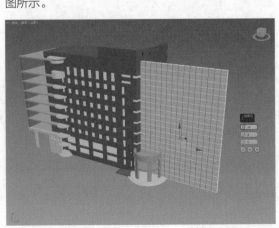

步骤84 进入"顶点"子层级，在前视图中调整顶点位置，如下图所示。

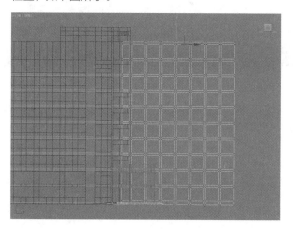

步骤85 进入"多边形"子层级，选择的两面的多边形，如下图所示。

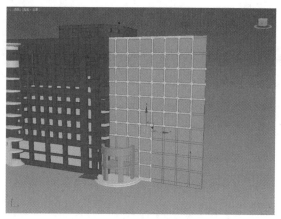

步骤86 单击"桥"按钮，效果如下图所示。

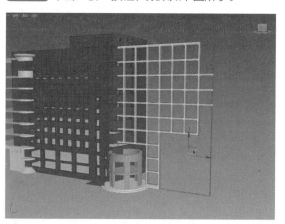

步骤87 删除多余的多边形，如下图所示。

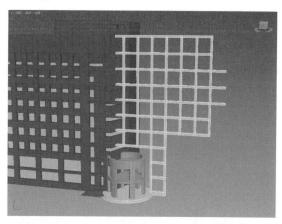

步骤88 进入"边"子层级，选择边，如下图所示。

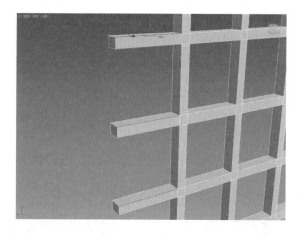

步骤89 单击"连接"按钮，设置连接数为1，如下图所示。

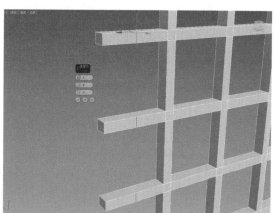

步骤90 调整边的位置，如下图所示。

步骤91 进入"多边形"子层级，选择多边形，如下图所示。

步骤92 单击"挤出"按钮设置，挤出值为2550，如下图所示。

步骤93 在顶视图中绘制一条样条线，如下图所示。

步骤94 进入"样条线"子层级，设置轮廓值为250，如下图所示。

步骤95 添加挤出修改器，设置挤出值为7400，如下图所示。

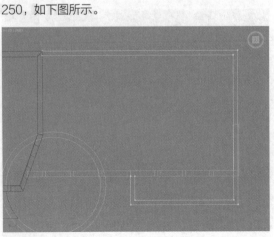

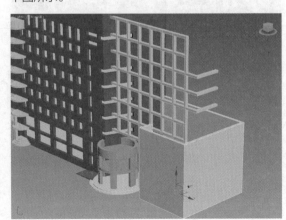

步骤96 将其转换为可编辑多边形，进入"边"子层级，选择边，如下图所示。

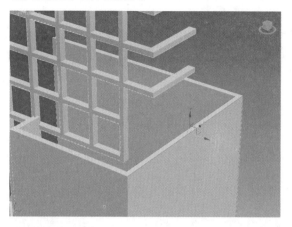

步骤97 单击"连接"按钮，设置连接数为1，如下图所示。

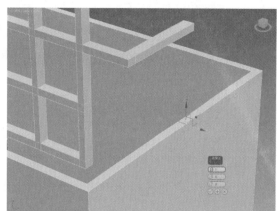

步骤98 进入"多边形"子层级，选择多边形，如下图所示。

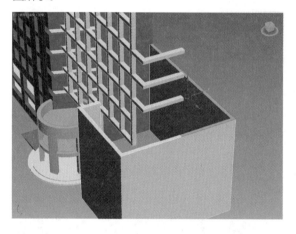

步骤99 单击"挤出"按钮，设置挤出值为9600，如下图所示。

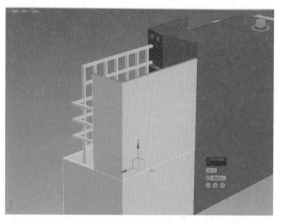

步骤100 创建一个880×760×800的长方体，如下图所示。

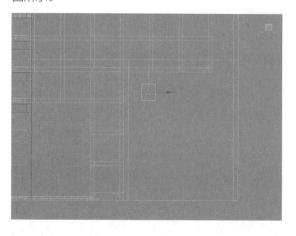

步骤101 复制长方体并调整合适位置，如下图所示。

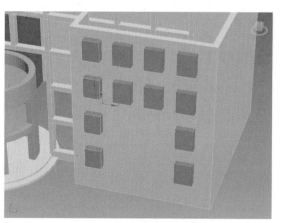

步骤102 再创建两个1000×2000×800的长方体，调整位置，如下图所示。

步骤103 将一个长方体转换为可编辑多边形，单击"附加"按钮，附加选择其他长方体，使其成为一个整体，如下图所示。

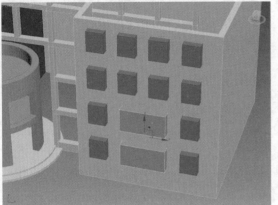

步骤104 选择墙体模型，在复合对象面板中单击"布尔"命令，再单击"拾取操作对象B"按钮，在视图中拾取模型，如下图所示。

步骤105 对模型进行布尔差集运算，制作出窗洞，如下图所示。

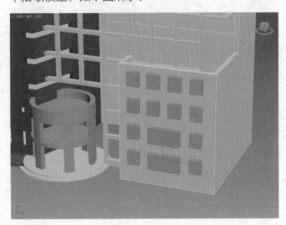

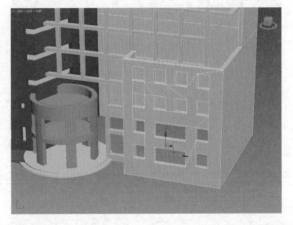

步骤106 照此操作步骤，制作出另一侧墙体的门洞，如下图所示。

步骤107 在顶视图中绘制一个样条线图形，如下图所示。

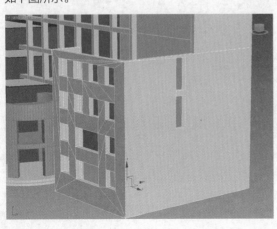

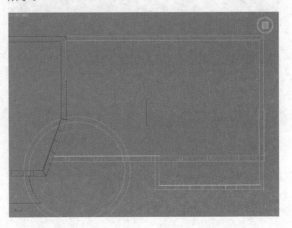

步骤108 添加挤出修改器，设置挤出值为120，如下图所示。

步骤109 向上复制模型，如下图所示。

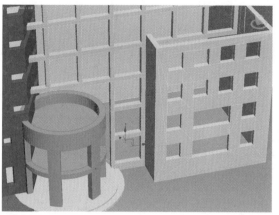

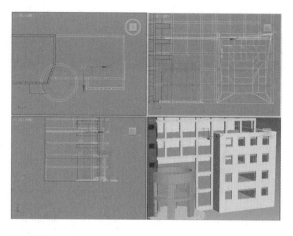

步骤110 在顶视图中绘制一个样条线，如下图所示。

步骤111 添加挤出修改器，设置挤出值为120，如下图所示。

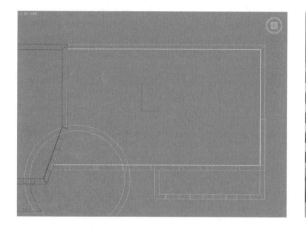

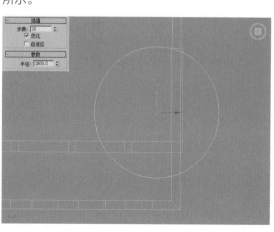

步骤112 向上复制模型，调整位置，如下图所示。

步骤113 在顶视图中绘制一个圆，调整参数，如下图所示。

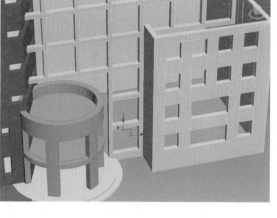

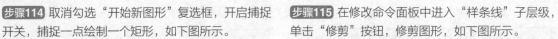

步骤114 取消勾选"开始新图形"复选框，开启捕捉开关，捕捉一点绘制一个矩形，如下图所示。

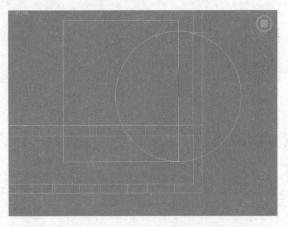

步骤115 在修改命令面板中进入"样条线"子层级，单击"修剪"按钮，修剪图形，如下图所示。

步骤116 进入"顶点"子层级，全选顶点，单击"焊接"按钮，将所有顶点焊接在一起，如下图所示。

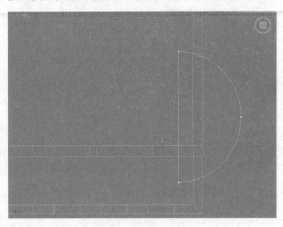

步骤117 添加挤出修改器，设置挤出值为120，调整模型位置，如下图所示。

步骤118 向上复制模型，如下图所示。

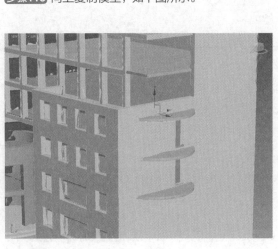

步骤119 创建一个半径2600、高度600的圆柱体，调整参数集位置，如下图所示。

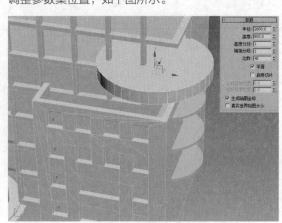

步骤120 向上复制模型，设置模型高度与高度分段值，如下图所示。

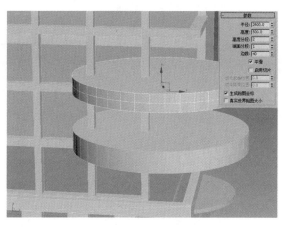

步骤122 再选择顶点，如下图所示。

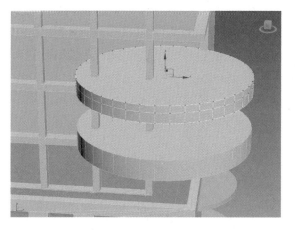

步骤124 创建一个半径90，高度1550的圆柱体，调整位置，作为柱子，如下图所示。

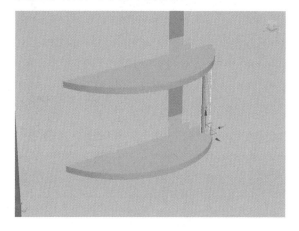

步骤121 将其转换为可编辑多边形，进入"顶点"子层级，调整顶点位置，如下图所示。

步骤123 利用"选择并缩放"功能，缩放顶点，如下图所示。

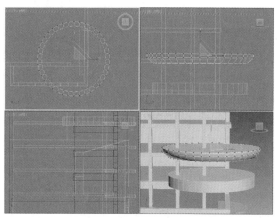

步骤125 复制模型，调整到合适位置，并适当调整模型尺寸为半径90，高度1200，如下图所示。

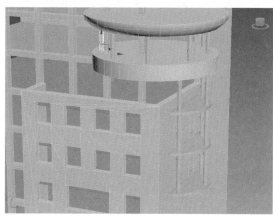

步骤126 创建一个管状体模型，设置参数并调整位置，如下图所示。

步骤127 将其转换为可编辑多边形，进入"顶点"子层级，调整顶点位置，如下图所示。

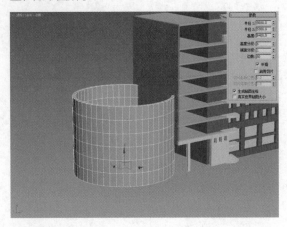
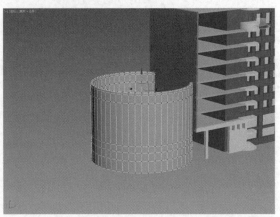

步骤128 进入"多边形"子层级，选择模型内外对应的多边形，如下图所示。

步骤129 单击"桥"按钮，制作出窗洞模型，如下图所示。

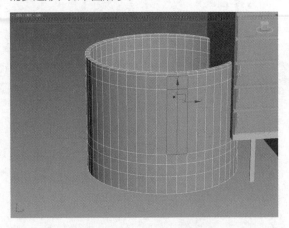
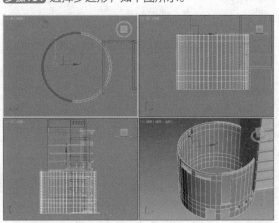

步骤130 在制作其他门洞及窗洞，如下图所示。

步骤131 选择多边形，如下图所示。

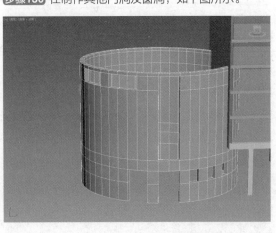

步骤132 单击"挤出"按钮，设置挤出值为2200，如下图所示。

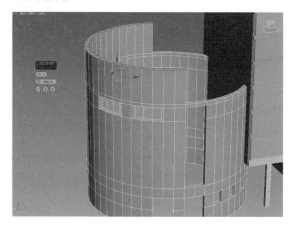

步骤133 进入"样条线"子层级，选择样条线，如下图所示。

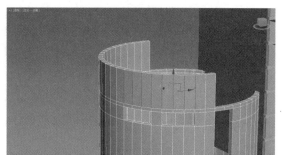

步骤134 单击"连接"按钮，设置连接数为1，如下图所示。

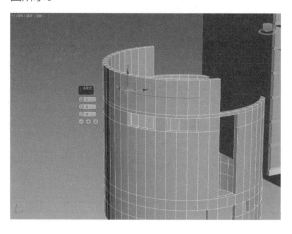

步骤135 调整边的位置，如下图所示。

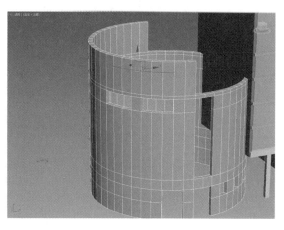

步骤136 进入"多边形"子层级，选择相应的多边形，单击"桥"按钮，制作出窗洞，如下图所示。

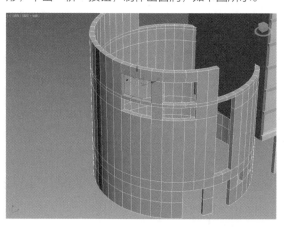

步骤137 创建一个半径860、高度12800的圆柱体，调整到合适位置，如下图所示。

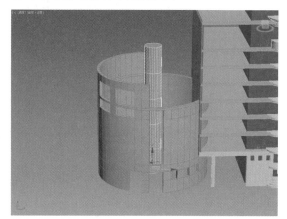

步骤138 将其转换为可编辑多边形，进入"顶点"子层级，选择一个顶点，如下图所示。

步骤139 在"软选择"卷展栏中勾选"使用软选择"复选框，设置衰减值为2000，如下图所示。

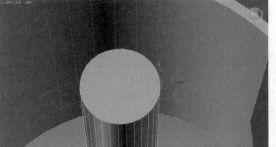

步骤140 调整顶点位置，如下图所示。

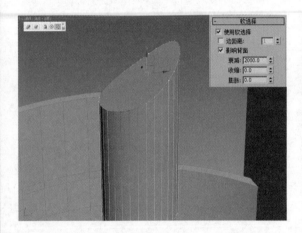

步骤141 创建一个半径5300、高度200的圆柱体，调整到合适位置，如下图所示。

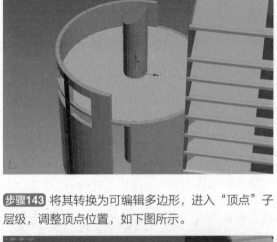

步骤142 向上复制圆柱体，设置参数并调整位置，如下图所示。

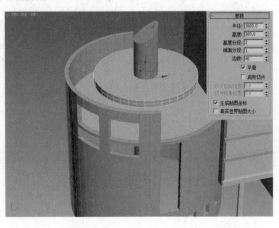

步骤143 将其转换为可编辑多边形，进入"顶点"子层级，调整顶点位置，如下图所示。

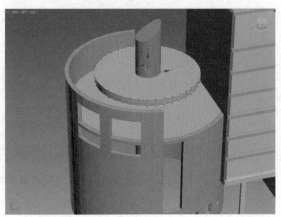

步骤144 再选择顶点,在顶视图中对齐进行缩放操作,如下图所示。

步骤145 创建一个半径90、高度1450的圆柱体,调整到合适位置,作为屋顶的支柱,如下图所示。

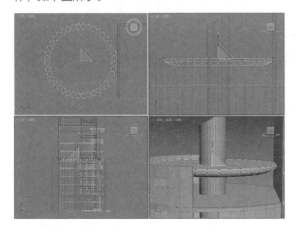

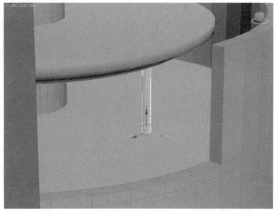

步骤146 单击"使用变换坐标中心"按钮,在顶视图中调整图形,如下图所示。

步骤147 执行"工具>阵列"命令,打开"阵列"对话框,调整阵列变换等参数,如下图所示。

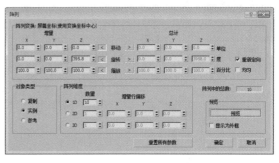

步骤148 单击"确定"按钮,完成圆柱体的环形阵列操作,如下图所示。

步骤149 在顶视图中绘制一段样条线,如下图所示。

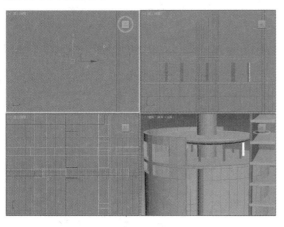

步骤150 进入"样条线"子层级，设置轮廓值为250，如下图所示。

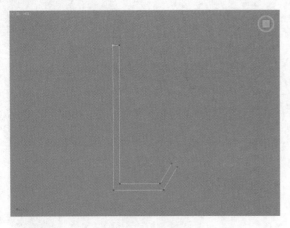

步骤151 添加挤出修改器，设置挤出值为2800，再设置分段数为3，如下图所示。

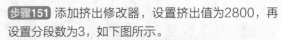
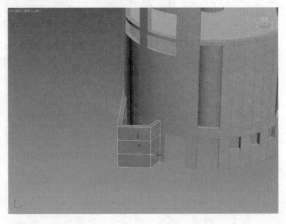

步骤152 将其转换为可编辑多边形，进入"边"子层级，选择边，如下图所示。

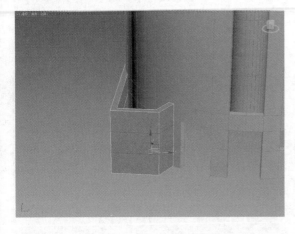

步骤153 单击"连接"按钮，设置连接数为1，如下图所示。

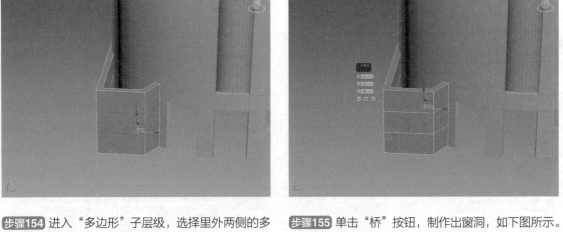

步骤154 进入"多边形"子层级，选择里外两侧的多边形，如下图所示。

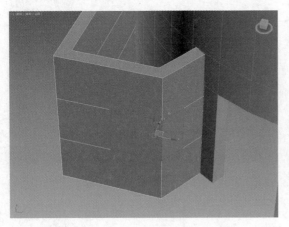

步骤155 单击"桥"按钮，制作出窗洞，如下图所示。

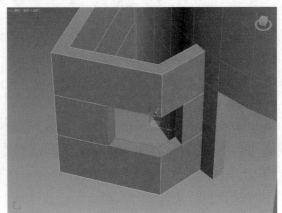

步骤156 在顶视图中绘制一个样条线图形，如下图所示。

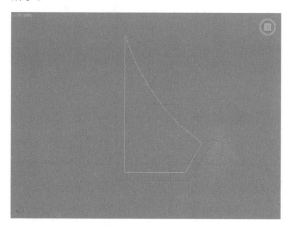

步骤157 添加挤出修改器，设置挤出值为200，作为屋顶模型，调整到合适位置，如下图所示。

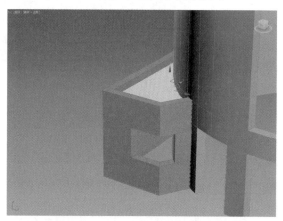

步骤158 创建一个1800×3800×150的长方体，旋转角度并调整位置，作为屋檐，再创建一个半径为125、高度为25700的圆柱体，调整到合适的位置，完成建筑主体模型的制作，如右图所示。

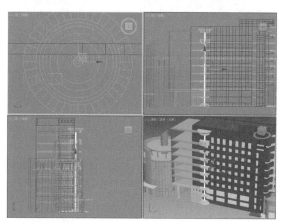

10.1.2 创建门窗及栏杆模型

办公楼模型中门窗及栏杆模型较多，造型统一，创建起来比较简单。下面将介绍创建的方法，具体步骤如下：

步骤01 在前视图中捕捉绘制一个矩形，如下图所示。

步骤02 将其转换为可编辑样条线，进入"样条线"子层级，设置轮廓值为50，如下图所示。

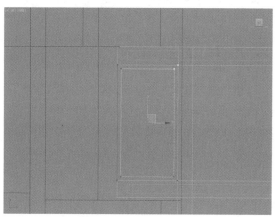

步骤03 添加挤出修改器，设置挤出值为50，并调整模型位置，如下图所示。

步骤04 进入"顶点"子层级，调整样条线，改变模型尺寸，如下图所示。

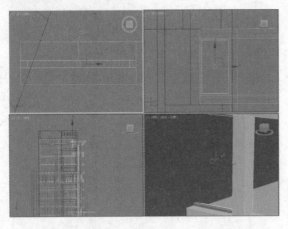

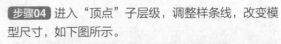

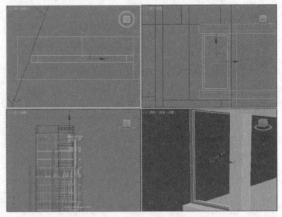

步骤05 将其转换为可编辑网格，进入"面"子层级，在前视图中选择面，如下图所示。

步骤06 按住Shift键向下复制，在弹出的对话框中选择"克隆到元素"单选按钮，如下图所示。

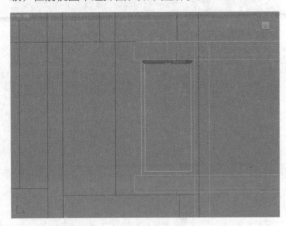

步骤07 复制窗户模型，如下图所示。

步骤08 照此操作方法制作其他平面墙体的窗户模型并进行复制，如下图所示。

步骤09 接下来制作环形墙体上的窗户模型，在顶视图中绘制一段弧线，如下图所示。

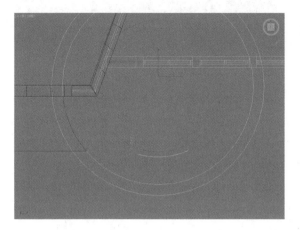

步骤10 将其转换为可编辑样条线，进入"样条线"子层级，在"几何体"卷展栏中勾选"中心"复选框，再设置轮廓值为50，如下图所示。

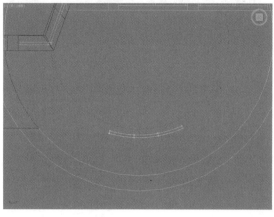

步骤11 添加挤出修改器，设置挤出值为1300，调整模型位置，如卜图所示。

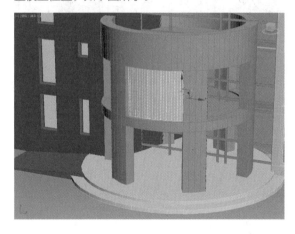

步骤12 将其转换为可编辑多边形，进入"边"子层级，选择边，如下图所示。

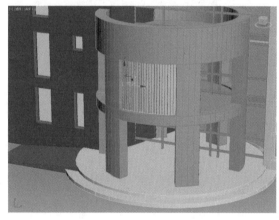

步骤13 单击"连接"按钮，设置连接数为4，如下图所示。

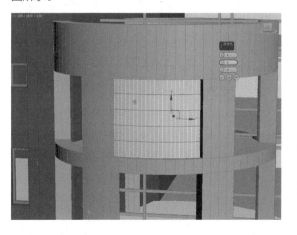

步骤14 进入"顶点"子层级，调整顶点位置，如下图所示。

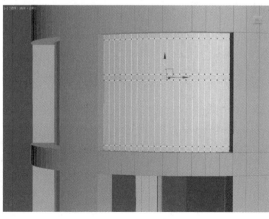

步骤15 进入"多边形"子层级,选择内外两侧的多边形,如下图所示。

步骤16 单击"桥"按钮,制作出窗框模型,如下图所示。

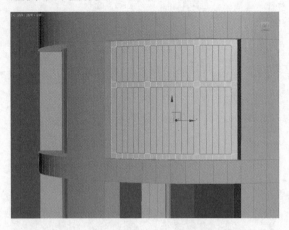

步骤17 照此操作方法,制作其他位置的窗框,如下图所示。

步骤18 创建两个长方体,旋转角度并调整位置,作为门模型,如下图所示。

步骤19 捕捉窗框模型绘制一个矩形,如下图所示。

步骤20 添加挤出修改器,设置挤出值为5,作为玻璃模型,如下图所示。

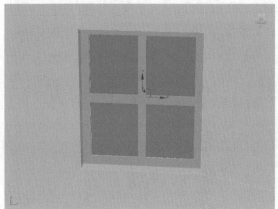

步骤21 照此操作方法制作所有的玻璃模型，如下图所示。

步骤22 接下来制作栏杆模型。在顶视图中绘制一个半径为5400的圆形，如下图所示。

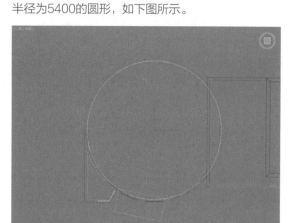

步骤23 在"渲染"卷展栏中勾选"在渲染中启用"、"在视口中启用"复选框，设置径向厚度为60，调整圆形位置，如下图所示。

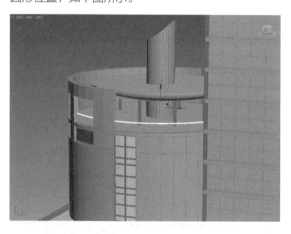

步骤24 向下复制图形，并重新设置圆形的镜像厚度为12，如下图所示。

步骤25 创建一个半径为5、高度为500的圆柱体模型，调整到合适位置作为栏杆支柱，如下图所示。

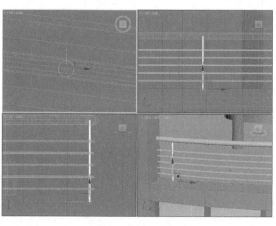

步骤26 复制支柱模型，完成该位置栏杆造型的制作，再制作其他位置的栏杆模型，如下图所示。

10.1.3 创建室外地面模型

室外地面模型的创建是必不可少的，是后期场景处理的基础，下面将对该模型的制作进行介绍：

步骤01 在顶视图中绘制多个矩形，设置角半径为 1000，如下图所示。

步骤02 将矩形向上复制，如下图所示。

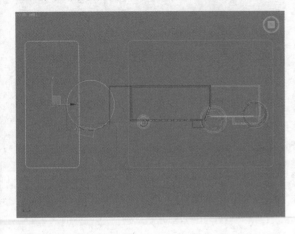

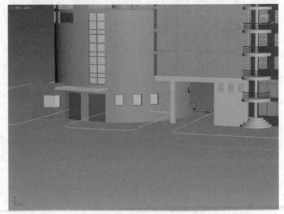

步骤03 选择一个矩形，将其转换为可编辑样条线，进入"样条线"子层级，设置轮廓值为200，如下图所示。

步骤04 添加挤出修改器，设置挤出值为150，如下图所示。

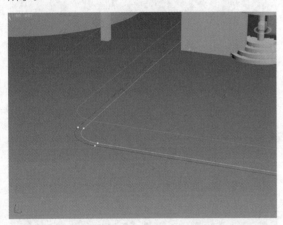

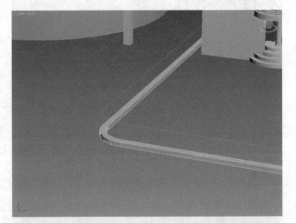

步骤05 同样制作另外两个矩形，如右图所示。

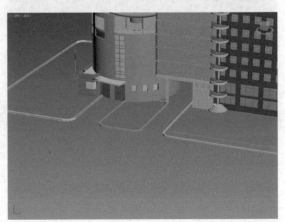

步骤06 为复制的矩形添加挤出修改器，设置挤出值为20，并调整到合适位置，如下图所示。

步骤07 创建一个平面模型，调整位置，如下图所示。

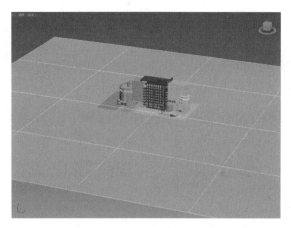

10.2 摄影机及材质的创建

摄影机的创建很大程度上影响了渲染效果的构图角度等因素，能够表现出透视图所不能表现的场景。而材质的创建在整个效果图制作过程中起到至关重要的作用，它们是体现场景真实性的重要要素。下面介绍为场景创建摄影机及相关材质，其具体操作过程如下：

步骤01 在顶视图中创建一盏目标摄影机，调整摄影机角度位置并设置参数，如下图所示。

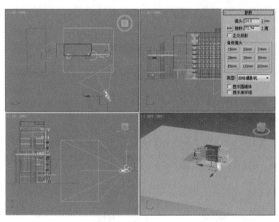

步骤02 在透视视口中按C键进入摄影机视口，如下图所示。

步骤03 按M键打开材质编辑器，选择一个空白材质球，设置为VrayMtl材质，为漫反射通道添加位图贴图，设置反射颜色及反射参数，如右图所示。

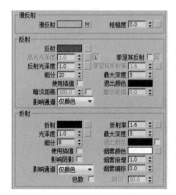

步骤04 反射颜色设置如下图所示。

步骤05 创建好的外墙砖材质效果如下图所示。

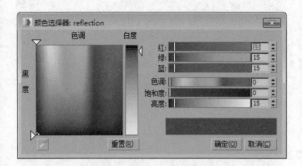

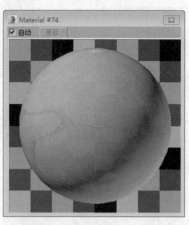

步骤06 将材质指定给场景中的墙面模型，添加 UVW贴图，设置贴图参数，如下图所示。

步骤07 选择一个空白材质球，设置为VrayMtl材质，设置漫反射颜色及反射颜色，再设置反射参数，如下图所示。

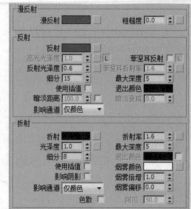

步骤08 漫反射颜色及反射颜色设置如下图所示。

步骤09 创建好的外墙漆材质效果如下图所示。

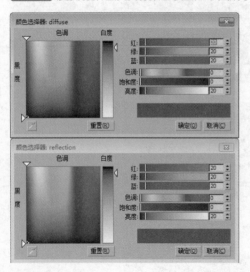

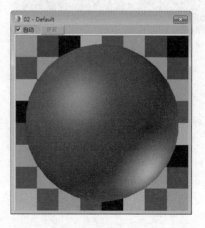

步骤10 将创建的材质指定给场景中的对象，如下图所示。

步骤11 选择一个空白材质球，设置为VR材质包裹器，设置基本材质为VrayMtl材质，再设置生成全局照明值以及接收全局照明值，如下图所示。

步骤12 打开基本材质，为漫反射通道添加位图贴图，设置反射颜色及参数，如下图所示。

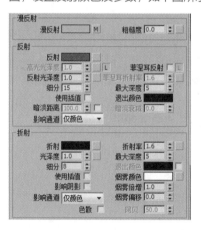

步骤13 创建好的材质效果如下图所示。

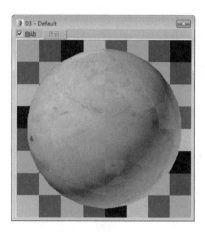

步骤14 将材质指定给场景中的模型，添加UVW贴图，设置贴图参数，如下图所示。

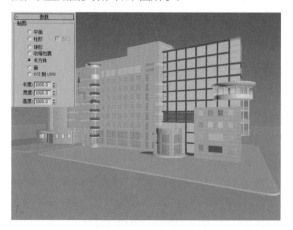

步骤15 同样再创建一个石材材质，参数设置同上，材质效果如下图所示。

步骤16 将创建好的材质指定给场景中的模型，添加UVW贴图，设置贴图参数，如下图所示。

步骤17 选择一个空白材质球，设置为VrayMtl材质，设置漫反射颜色为白色，其余参数为默认，创建好的外墙白漆材质效果如下图所示。

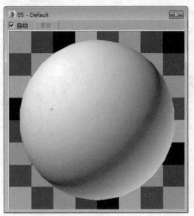

步骤18 将材质指定给场景中的对象，如下图所示。

步骤19 选择一个空白材质球，设置为VrayMtl材质，设置漫反射颜色及反射颜色，再设置反射参数，如下图所示。

步骤20 漫反射颜色及反射颜色设置参数如下图所示。

步骤21 创建好的不锈钢材质效果如下图所示。

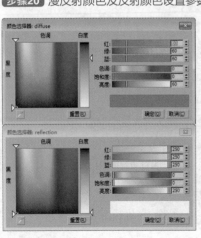

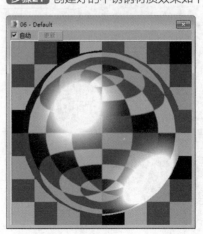

步骤22 将材质指定给场景中的栏杆等对象，如下图所示。

步骤23 选择一个空白材质球，将其设置为VrayMtl材质，设置漫反射颜色及反射颜色，再设置反射参数，如下图所示。

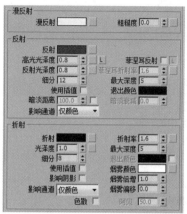

步骤24 漫反射颜色及反射颜色设置如下图所示。

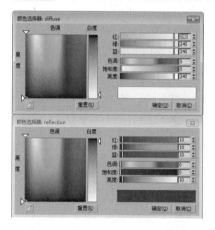

步骤25 创建好的窗户材质效果如下图所示。

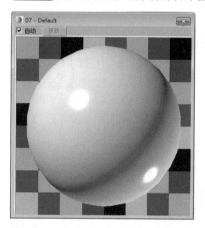

步骤26 将材质指定给场景中的窗户对象，效果如下图所示。

步骤27 选择一个空白材质球，将其设置为VrayMtl材质，设置漫反射颜色、反射颜色及折射颜色，再设置反射参数，如下图所示。

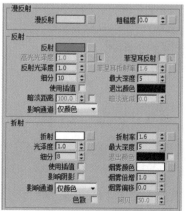

步骤28 漫反射颜色、反射颜色及折射颜色设置如下图所示。

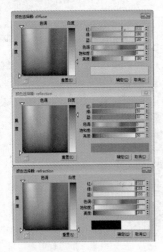

步骤29 创建好的玻璃材质效果如下图所示。

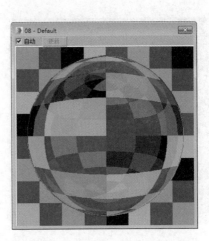

步骤30 将材质指定给场景中的玻璃对象，效果如下图所示。

步骤31 选择一个空白材质球，将其设置为VrayMtl材质，设置漫反射颜色，如下图所示。

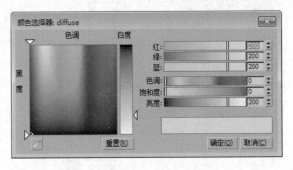

步骤32 选择一个空白材质球，将其设置为VR包裹材质，基本材质设置为VrayMtl材质，设置接收全局照明值，如下图所示。

步骤33 在基本材质中设置漫反射颜色，如下图所示。

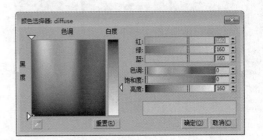

步骤34 将创建好的两种材质指定给场景中的对象，如下图所示。

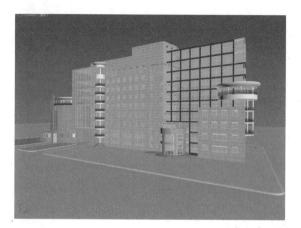

步骤35 选择一个空白材质球，将其设置为VrayMtl材质，在"贴图"卷展栏中为漫反射通道及凹凸通道添加位图贴图，如下图所示。

步骤36 创建好的材质效果如下图所示。

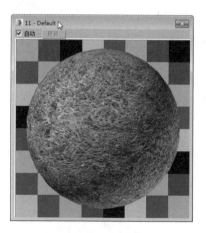

步骤37 将创建好的材质指定给场景中的草地对象，添加UVW贴图，设置贴图参数，如下图所示。

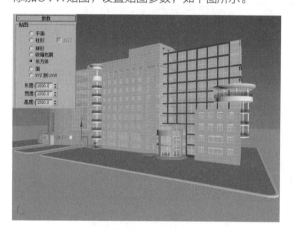

步骤38 打开"环境和效果"对话框，为背景添加"渐变"环境贴图，如下图所示。

步骤39 将该贴图拖动复制到材质编辑器，在"渐变参数"卷展栏中设置三种颜色，如下图所示。

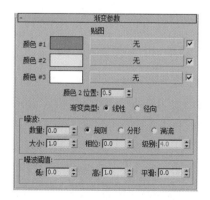

10.3 灯光与测试渲染

　　室外场景需要创建的灯光较少，主要是体现太阳光照效果，结合测试渲染结果，观察初步效果，其具体的操作步骤如下：

步骤01 打开"渲染设置"对话框，在"帧缓冲区"卷展栏中取消勾选"启用内置帧缓冲区"复选框，在"图像采样器"卷展栏中设置最小着色速率为1，以及设置过滤器类型，如下图所示。

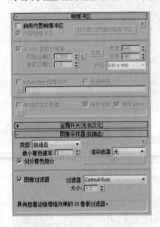

步骤02 启用全局照明，在"发光图"卷展栏中设置发光图预设级别为"非常低"，并设置细分值及插值采样值，再在"灯光缓存"卷展栏中设置细分值，如下图所示。

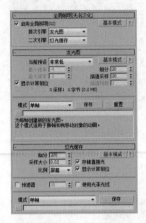

步骤03 渲染摄影机视口，效果如下图所示。

步骤04 在顶视图中创建一盏VRay太阳灯光，在弹出的对话框中单击"否"按钮，不要自动添加环境贴图，如下图所示。

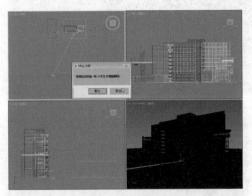

步骤05 调整灯光角度并设置参数等，如右图所示。

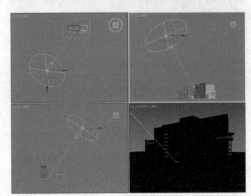

步骤06 渲染摄影机视口，效果如下图所示。

步骤07 在前视图中创建一盏VR灯光，调整位置并设置参数，如下图所示。

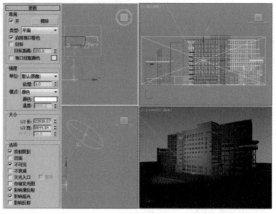

步骤08 渲染摄影机视口，效果如下图所示。

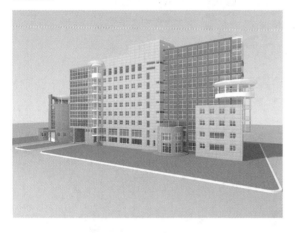

步骤09 重新调整摄影机角度及位置，如下图所示。

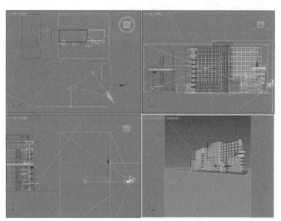

10.4 渲染设置

待所有准备工作完成后，接下来即可进行成图的渲染设置了，其具体的操作过程如下：

步骤01 重新设置输出尺寸，如下图所示。

步骤02 最大化摄影机视口，并显示安全框，如下图所示。

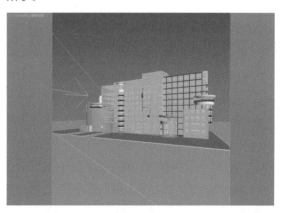

步骤03 在"发光图"卷展栏中设置预设等级以及细分值、采样值，勾选"显示直接光"复选框，在"灯光缓存"卷展栏中设置灯光缓存细分值，如下图所示。

步骤04 在"系统"卷展栏中设置序列方式以及动态内存限制值，如下图所示。

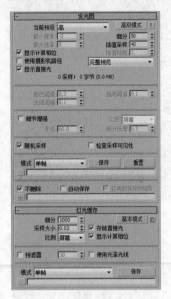

步骤05 渲染摄影机视口，渲染效果如下图所示。

步骤06 在Photoshop中对渲染效果进行后期处理，最终效果如下图所示。

Appendix
附 录
课后练习参考答案

Chapter 01

1. 选择题
（1）B　　（2）B　　（3）A　　（4）A

2. 填空题
（1）用Shift键配合鼠标左键、阵列工具复制、镜像复制
（2）X、Y、Z
（3）建模、灯光、材质
（4）像素
（5）菜单栏　时间滑块及轨迹栏

Chapter 02

1. 选择题
（1）C　（2）A　（3）C　（4）C　（5）B

2. 填空题
（1）4
（2）M、N、F5
（3）导入CAD图纸　灯光和摄像机　渲染　后期处理

Chapter 03

1. 选择题
（1）D　（2）D　（3）D　（4）D　（5）D

2. 填空题
（1）拟合
（2）14
（3）视图坐标系、屏幕坐标系
（4）毫米
（5）空格键

Chapter 04

1. 选择题
（1）C　　（2）C　　（3）C　　（4）C　　（5）C

2. 填空题
（1）11
（2）三角形和四边形
（3）对象的使用顺序
（4）使物体变得起伏而不规则
（5）样条线、分离复制

Chapter 05

1. 选择题
（1）C　（2）D　（3）B　（4）B　（5）C

2. 填空题
（1）线性渐变、放射渐变
（2）将材质赋给所选物体
（3）同步
（4）basic parameters（基本参数）
　　extended parameters（扩展参数）

Chapter 06

1. 选择题
（1）D　　（2）C　　（3）D　　（4.）C

2. 填空题
（1）目标聚光灯、目标平行灯光、泛光灯
（2）泛光灯、聚光灯
（3）灯光
（4）摄像机

Chapter 07

1. 选择题
（1）A　　（2）B　　（3）B　　（4）B

2. 填空题
（1）渲染场景、快速渲染
（2）Single
（3）所选视图
（4）前视图